普通高等教育农业农村部"十三五"规划教材
全国高等农林院校"十三五"规划教材
全国高等农业院校优秀教材

生物化学研究技术

马艳琴　杨致芬　主编

中国农业出版社
北　京

编 写 人 员 名 单

主　　编　马艳琴　杨致芬

副主编　李　丽　陈水红

编　者　（按姓氏笔画排序）

马　镝（沈阳农业大学）

马艳琴（山西农业大学）

王　彬（宁夏大学）

李　丽（山西农业大学）

杨致芬（山西农业大学）

杨致荣（山西农业大学）

陈水红（塔里木大学）

赵成萍（山西农业大学）

高建华（山西农业大学）

前　　言

　　生物化学研究技术是生命科学领域各学科必不可少的研究手段，渗透到农业、医药、食品等各个领域。因此，掌握生物化学研究技术的基本原理和方法，不仅可以加强学生对生物化学基本理论的进一步理解，而且可以为学生以后的学习以及生产、科研工作打下牢固的基础。

　　本教材以生物化学中常用的研究技术为框架，主要包括一般知识、离心技术、沉淀与浓缩技术、电泳技术、层析技术、分光光度技术和滴定技术等内容。在阐明各类技术基本原理的同时，还列举了数个应用该技术解决实际农业研究中问题的基础实验，各院校可根据专业需要进行选做。另外，本教材在第八章还列举了酶的提取、纯化与活性测定，DNA 提取、扩增与分子杂交等综合性实验，涵盖了多种生物化学实验技术，有利于培养学生对所学知识的综合运用能力和创新实践能力。

　　本教材由长期工作在生物化学教学与科研一线的教师共同编写，所阐述的诸多应用实例和实验方法经过多年教学实践检验，并逐步得到完善，具有简明、精练、实用的特点。教材中各章分别由杨致芬（第一章）、陈水红（第二章）、马镝（第三章）、王彬（第四章）、高建华（第五章）、杨致荣（第六章）、李丽（第七章）、马艳琴（第八章）、赵成萍（附录）编写，由马艳琴、杨致芬统稿、定稿。

　　本教材不仅适用于综合性院校及农林、师范院校等相关专业的本科生和研究生使用，还可供从事生物化学教学与研究工作的有关人员参考。由于经验和水平有限，在编写过程中仍有不足之处，真诚希望广大读者在参考使用过程中反馈意见和建议，使其日臻完善。

编　者

2019 年 5 月

目　　录

第一章 概 论

生物化学技术是随着现代生物、物理和化学的发展而逐步形成的适用于生物化学研究的方法。在生物化学研究过程中，需要制备、纯化物质，也需要定性、定量地测定有机体中的各种成分，这些工作的完成依赖于生物化学技术。各种生物化学技术有各自的原理和操作方法，但每种技术的实施都包括取样、预处理和样品制备等步骤。各种技术的应用都要求有温和的条件、接近体内的环境；要消除各种有害因素，尽可能保持研究对象原有的生物活性。本章就是讨论进行生物化学研究时涉及的普遍性内容。

第一节 一般知识

一、玻璃仪器的洗涤

玻璃仪器是生物化学技术操作时的主要工具，其清洁与否直接影响实验的结果。在操作过程中，每个人都应养成保持仪器清洁、放置整齐的习惯。

（一）一般玻璃仪器

一般玻璃仪器如试管、烧杯和锥形瓶等，洗涤时先用自来水冲去污物，将其浸于洗衣粉或肥皂水中，用毛刷细心地刷洗内外壁（也可用毛刷抹肥皂或洗衣粉刷洗）。然后用自来水冲洗至器壁上不沾水珠为止。若器壁上沾有水珠表示未洗干净，应重复洗涤。最后用少量蒸馏水冲洗 2～3 次。将洗净的器皿倒置于干净处晾干或用烘箱烘干。

（二）量度玻璃仪器

量度玻璃仪器如吸管、滴定管、量筒和容量瓶等，使用后应立即用清水冲洗以除去残留物质，千万勿使残留物质在玻璃仪器上干燥。晾干后，将其浸泡于铬酸洗涤液中 4～6 h 或过夜。然后用水充分冲洗，并查看是否洗净（方法同前）。如已洗净，再用蒸馏水冲洗 2～3 次。除吸管可烘干外，其他量度玻璃仪器只能倒置晾干。

（三）洗涤液

实验室中除用水、洗衣粉和肥皂外，还可使用一些化合物的溶液洗涤玻璃仪器，这类溶液称为洗涤液，其种类很多，现就常用的几种洗涤液做简要介绍。

1. 铬酸洗液 铬酸洗液又称为重铬酸钾-硫酸洗液。这是实验室中使用最广泛的一种洗涤液。常用的铬酸洗液配方如下：

① 配方 1：称取重铬酸钾 50 g，溶于 100 mL 水中，再慢慢加入 400 mL 浓硫酸，边加边搅拌。若中途温度过高，则先暂停待稍冷后再加。冷却后即可使用。

② 配方 2：称取重铬酸钾 5 g，溶于 5 mL 水中，再慢慢加入浓硫酸 100 mL。冷却后即可使用。

铬酸洗液具有强烈的腐蚀性，皮肤、衣物等要避免与之接触。铬酸洗液应保存在密封容器中，以防吸水。良好的铬酸洗液呈褐红色。若铬酸洗液颜色变成黑绿色，则表示洗液已失效，无氧化能力，应更换。

2. 10%～20%尿素溶液 此洗涤液是蛋白质的良好溶剂，用以洗涤盛过蛋白质样品或溶液的器皿。

3. 硝酸洗涤液 水和浓硝酸按 1∶1 比例配成硝酸洗涤液，用以洗涤二氧化碳测定仪等。

二、试剂、试剂的浓度及配制

试剂是进行实验必不可少的，因此有必要掌握有关试剂的等级、配制等知识。

(一)试剂纯度的等级标准

我国的化学试剂（通用试剂）共分为四级，即优级纯、分析纯、化学纯和实验试剂。另外还有专门用途的专用试剂，如高纯试剂、色谱纯试剂、生化试剂、指示剂等，这些试剂只有一个级别。常见试剂的级别、英文代号及适用范围见表 1-1。

表 1-1 常见试剂的级别、英文代号及适用范围

纯度等级	英文代号	瓶签颜色	级别	适用范围
优级纯	GR	绿色	一级	纯度较高，主要用于精密的科学研究和分析实验
分析纯	AR	红色	二级	纯度稍差，用于一般科学研究和分析实验
化学纯	CP	蓝色	三级	用于要求不高的分析检验及制备
实验试剂	LR	黄色	四级	用于一般的实验和要求不高的科学实验

(二)试剂的浓度及其配制

实验室中常用的试剂，通常以水为溶剂，有时也以有机溶剂为溶剂。表示溶液浓度的方式有多种，如物质的量浓度、质量浓度等。常见溶液浓度的表示方式及其配制方法如下。

1. 物质的量浓度 物质的量浓度表示在 1 L（1 000 mL）溶液中含有溶质的物质的量（mol），用 mol/L 表示。配制方法：称取一定质量的试剂溶于溶剂中，最后定容到 1 000 mL。若溶质有结晶水，计算质量时应考虑在内。例如要配制 0.1 mol/L Na_2HPO_4 溶液，应称取 17.805 g $Na_2HPO_4 \cdot 2H_2O$（其相对分子质量为 178.05），先用少量水溶解，最后定容到 1 000 mL。

2. 质量浓度 质量浓度表示在单位体积溶液中含有溶质的质量，一般用 g/L 表示。配制方法：称取一定质量的溶质，用溶剂溶解后稀释到一定的体积。例如要配制 10 g/L NaOH 溶液，即称取 10 g NaOH 先溶入少量蒸馏水中，再稀释至 1 L，或称取 1 g NaOH，将其溶入少量蒸馏水中再稀释至 100 mL。

3. 质量分数浓度 质量分数浓度表示一定质量的溶液中含有溶质的质量，用百分数表示。例如要配制 10% NaCl 溶液，则称取 10 g NaCl，将其加到 90 g 蒸馏水中溶解即可。

4. 体积分数浓度 体积分数浓度表示在一定体积溶液中含有溶质的体积，用百分数表示。例如要配制 50%乙醇，则量取 50 mL 无水乙醇，用蒸馏水稀释至 100 mL。

5. 以体积比表示的浓度 以体积比表示的浓度是指溶液中溶质与溶剂的相对量，在色谱溶剂系统中常用。用 $(V+V)$ 表示。例如配制乙醇（2+1），即取 2 份体积的无水乙醇，加入 1 份体积的水；配制乙醇-乙酸-水（1+2+1），即取 1 份体积的无水乙醇、2 份体积的

乙酸和 1 份体积的水相混合。

三、实验记录、实验数据的整理和实验报告

(一) 实验记录

实验前必须认真预习,弄清实验目的、原理和操作步骤,准备好便于保存的记录本,将实验中观察到的现象、结果和数据及时地记在记录本上。原始记录必须准确、详尽、清楚。记录时,应正确记录实验结果,切忌夹杂主观因素,这是十分重要的。在实验条件下观察到的现象,应如实、仔细地记录下来。在定量分析实验中观测的数据,如称量物的质量、滴定管的读数、分光光度计的读数等,都应设计一定的表格记下正确的读数,并根据仪器的精确度准确地记录有效数据。例如吸光度值为 0.050,不应写成 0.05。实验中所用仪器的型号及试剂的规格、化学式、相对分子质量、溶液浓度等,都应记录清楚,以便总结实验时进行核对和作为查找失败原因的参考依据。如对记录结果有怀疑,或记录结果遗漏、丢失,必须重做实验。

(二) 实验数据的整理

对实验得到的数值应根据实验的目的,采取科学合理的方法进行整理分析,求出数值间量的关系,确切而明显地表达出实验的结果。在生物化学实验中常用的数据整理方法有列表法、作图法等。

1. 列表法 列表法是测得值的初步整理方法,即将实验所得各数据用适当的表格列出。通常数据的名称和单位写在标题栏内,表中只填写数据。数据应正确反映测定的有效数字,必要时应计算出误差值。通过列表法能初步反映出量间的关系。

2. 作图法 实验所得的一系列数值,为了求出它们之间的关系和变化情况,可以用图直观地表现出来。作图时可以用坐标纸手绘图,也可以通过 Excel、GraphPad Prism 等软件制作。

(三) 实验报告

实验结束后,要及时整理实验数据,总结实验结果,并对结果进行分析,写出实验报告。实验报告书写可参照下列格式。

实验编号及实验名称

实验者姓名: 班级: 实验日期:

(1) 实验目的和要求

(2) 实验原理

(3) 仪器、试剂和材料

(4) 实验操作步骤

(5) 实验结果(包括数据处理)

(6) 结果分析与讨论

(7) 思考题

在实验报告中,实验目的和要求、实验原理及操作步骤部分可简单扼要叙述,但对于实验条件和操作的关键环节必须写清楚。对于实验结果部分,应根据实验的要求将一定实验条件下获得的实验结果和数据进行整理、归纳、分析和对比,并尽量总结成各种图表。另外,还应针对实验结果进行必要的分析。实验讨论部分可以包括关于实验方法(或操作技术)和

有关实验的一些问题的探讨，对实验的异常结果、异常现象以及思考题的探讨，对实验设计的认识、体会和建议，对实验项目的改进意见等。

四、实验的准确度和精密度

在生物化学分析工作中，无论怎样谨慎操作，测定结果总会产生误差，那么怎样评价实验的精确性呢？实验的精确性通常用准确度与精密度来衡量。掌握实验的准确度和精密度，是进行分析工作的基础。

（一）实验误差及准确度

在实际的分析工作中，由于仪器的性能、实验的技巧以及化学反应是否完全等原因，测得的结果往往不是客观的真实值，只是与真实值接近，所以测得的结果称为近似值。近似值与真实值之间的差别称为误差。近似值比真实值大时误差为正，近似值比真实值小时误差为负。表示误差的方法有绝对误差和相对误差。

1. 绝对误差　近似值与真实值之间的差值称为绝对误差。以 A 表示真实值，a 表示近似值，r 表示绝对误差，则

$$r = a - A$$

2. 相对误差　绝对误差占真实值的百分数为相对误差。相对误差用 R 表示，即

$$R = \frac{a - A}{A} \times 100\% = \frac{r}{A} \times 100\%$$

显然，绝对误差与被测定量有关，绝对误差不能全面反映问题，应该用相对误差表示分析结果的准确度。

（二）系统误差

根据误差产生的原因和性质，误差可分为系统误差和偶然误差。系统误差是由分析过程中经常性的因素造成的，在每次测定中都比较稳定地重复出现，它与分析结果的准确度有关。偶然误差是指在某项测定中由于偶然因素引起的误差。

1. 系统误差产生的原因

（1）方法误差　方法误差是由于分析方法本身造成的误差。如容量分析中等电点和滴定终点不完全符合等。

（2）仪器误差　仪器误差是由于仪器不够精密，或未进行校正所造成的误差。

（3）试剂误差　试剂误差是由于试剂或蒸馏水不纯造成的误差。

（4）操作误差　操作误差是由不同操作者对实验条件控制不同造成的。如不同操作者对滴定终点的颜色判断不同等。同时在操作中，不可避免地要有损耗和污染，如吸管，用得再精心也免不了有少量样品沾壁而损耗，用滤纸过滤也是如此。

由于上述种种原因引起的系统误差，其特点是无论重复做多少次实验，都是经常反复出现，同真实值之间的差距是比较一定的。

由于系统误差对分析结果的影响比较稳定，重复测定可以重复出现，因此可以设法减少误差。

2. 系统误差的减少　系统误差的减少常采用下列措施：

（1）校正仪器　对所用的测量仪器（如砝码、容量仪器）进行校正，以减少系统误差。

（2）做空白试验　由于试剂中含有影响测定结果的杂质或试剂侵蚀器皿等可导致误差，

可用做空白试验来校正。其方法是用空白样品（即不含被测物的试剂溶液）与被测样品在完全相同的条件下进行测定，最后用被测样品所得的测定值减去空白试验的测定值，可以得到比较准确的结果。

应该指出，由于真实值是无法知道的，因此在实际工作中无法求出真正的准确度，只能用精密度来评价分析的结果。

（三）偶然误差与精密度

1. 偶然误差 如前所述，偶然误差是由偶然因素引起的，这些因素时隐时现，如仪器的临时故障、天平两侧温度不一、电压不稳定、取样不均匀等。另外，操作不细心也是出现偶然误差的原因之一，如量取溶液后吸管外侧擦得不干净，或放出液体的速度不均匀等。偶然误差的大小通常用精密度来衡量。

2. 精密度 精密度是指对同一样品在同一条件下多次测定结果之间接近的程度。同一样品的一系列测定值越接近，精密度越高，表明偶然误差越小。若同一样品的一系列测定值相差较大，则说明其精密度低，偶然误差较大。

精密度一般用偏差来表示。偏差分为绝对偏差和相对偏差。

$$绝对偏差＝|个别测定值－测定值的算术平均值|$$

$$相对偏差＝\frac{绝对偏差}{测定值的算术平均值}×100\%$$

精密度的表示法同误差的表示法一样，用相对偏差比绝对偏差更有意义。

在实验中，对某一样品通常须进行多次平行测定，求得其算术平均值，作为该样品的测定结果。对于该结果的精密度则有多种表示方法，可用平均绝对偏差和平均相对偏差表示。

$$平均绝对偏差＝\frac{\sum 个别测定值的绝对偏差}{测定次数}$$

$$平均相对偏差＝\frac{平均绝对偏差}{测定值的算术平均值}$$

在实验中，有时只做两次测定，精密度可用下式计算：

$$精密度＝\frac{两次测定结果的差值}{平均值}×100\%$$

不同的实验方法允许误差的要求不同。如用滴定法对同一样品进行平行测定时，各测定之间的允许误差不应超过 0.2%。

利用绝对偏差（d）和测定次数（n）可计算标准偏差（SD）：

$$SD＝\sqrt{\frac{\sum d^2}{n-1}}$$

标准偏差表示所测定的这些样品中待测物的含量变化范围，这是生物统计学中一种精密度的表示方法。标准偏差越小，表示样品中各个测定值的变异度（集中或分散的程度）越小，数据越精确，其结果可以用平均值（$\overline{X}$）±标准偏差（SD）来表示。

3. 偶然误差的减少 偶然误差与分析结果的精密度有关，它来源于难以预料和不固定的因素。为了减少偶然误差，一般采取如下措施。

（1）均匀取样 动植物新鲜组织可制成匀浆后取样；细菌通常制成悬液，经玻璃球打散摇匀后，再量取一定的菌体样品进行分析；固体样品极不均匀，应于取样前进行粉碎、混匀。

（2）多次取样　根据偶然误差出现的规律，进行多次平行测定，然后取其算术平均值，就可减少偶然误差。平均测定的次数越多，其平均误差就越小。

因错误操作导致的误差称为过失误差。过失误差的数值应弃去不用。

在实际分析工作中，应根据准确度的要求选择测量手段。例如，要求准确到 0.1 g，则只需使用台秤，不必使用分析天平。若需要较高的准确度，又无合适的仪器设备，则可用提高样品用量的方法来达到目的。

第二节　材料的选择与处理

一、材料的选择

实验是否能达到预期的目的，材料的选择是关键因素之一。实验的目的不同，材料选择的原则就不同，取样的方法也不同。生物化学实验的具体目的有多种，但概括起来有两种：一种是通过制备而获得一定纯化的物质，这种实验称为制备性实验；另一种是通过定性定量分析，了解生物体的代谢状况、样品品质等，这种实验称为分析性实验。

对于制备性实验来讲，应选欲提取成分含量高、来源丰富易得、新鲜、目标成分易分离提取的材料。在实践过程中，要抓主要矛盾，全面分析，综合考虑。

对于分析性实验来讲，材料的选择应根据研究目的来确定。比如研究光合作用，要取植物的叶片；研究品质变化，要取生物体的可食部分。

采集的样品，必须经处理后才能用于分析，处理分为材料的预处理和细胞破碎两个步骤。

二、材料的预处理

不同的材料，预处理方法不同。

（一）动物材料的预处理

对于动物组织，必须选择欲提取成分含量丰富的脏器、组织为原料，然后进行去皮、去筋、绞碎、匀浆、脱脂等处理。预处理好的材料，若不立即用于实验，应放入液氮或用超低温冷冻保存。对于一些小组织，可置于丙酮液中脱水，待其干燥后磨粉贮存备用。

（二）植物样品的预处理

1. 种子样品的处理　一般种子样品去除杂质后，再进行研磨、粉碎，通过孔径为150～180 μm 的试验筛，混合均匀保存，贴上标签，注明样品的采集地点、处理、采样日期和采样人姓名。若长期保存还要蜡封，并在容器内放入一点樟脑或对位二氯甲苯，防止虫、菌的破坏作用。而对于像芝麻、蓖麻、亚麻等油料作物的种子，为了测定其含油量，不能用粉碎机，只能用研钵、匀浆器或将其切成薄片作为原料备用。

2. 根、茎、叶、果实等新鲜样品的处理　采回的新鲜样品，要经过净化、杀青、烘干（或风干）等一系列预处理才能存放。

（1）净化　采回的新鲜样品，如果混有泥土等杂质，应用柔软湿布擦净，不要用水冲洗。但是对大批量的样品，可用水冲洗干净。

（2）杀青　为了保持样品的化学成分不发生转变或损耗，需将样品在 105 ℃杀青 15～20 min，终止样品中酶的活动。

（3）烘干 样品经杀青后，立即降低烘箱温度，维持在 70～80 ℃直至样品烘干为止（含水量<10％）。干燥样品的根、茎、叶、果实均要进行粉碎、过筛。

（三）微生物样品的预处理

微生物由于其本身的优点，常作为制备大分子物质的主要材料。当选用的微生物菌种培养一段时间后，用离心方法收集其上清液。经浓缩后可用于制备细胞外有效成分。收集的菌体经破细胞处理后，即可以从中提取有效成分。若培养液和菌体不立即使用，前者可置于低温下短时间贮存，后者可制成冻干粉，在 4 ℃保存数月不会变质。

三、细胞破碎

细胞破碎的方法有很多，包括机械破碎法、物理破碎法、化学及生物化学破碎法等。不同的实验规模、不同的实验材料和实验要求，使用的破碎方法和条件也不同。一些坚韧组织，如动物的肌肉、植物的根茎等，常常需要强烈的搅拌或研磨作用，才能将其组织细胞破碎；比较柔软的组织，如肝、脑等组织，用普通的玻璃匀浆器即可达到完全破坏细胞的目的。

（一）机械破碎法

通过机械运动所产生的剪切力作用，使细胞破碎的方法称为机械破碎法。常用的机械破碎法有组织捣碎法、研磨破碎法和匀浆器破碎法。

1. 组织捣碎法 此法利用捣碎机的高速旋转叶片所产生的剪切力将组织细胞破碎，一般用于动物内脏组织、植物肉质种子、柔嫩的叶芽等比较脆嫩的组织细胞的破碎，旋转叶片的转速可高达10 000 r/min 以上。此法也可用于微生物细胞的破碎，但破碎时须加石英砂才有效。此法主要用于工业上和实验室，但捣碎期间要注意降温。

2. 研磨破碎法 此法利用研钵、石磨、球磨、珠磨机等研磨器械的剪切力将组织细胞破碎，多用于细菌或其他坚硬的植物材料的破碎。为了提高研磨效果，研磨时常加入少量石英砂、玻璃粉或其他研磨剂。此法温和、简单，适用于实验室内少量样品的处理。

3. 匀浆器破碎法 此法利用匀浆器所产生的剪切力将组织细胞破碎。匀浆器一般由硬质磨砂玻璃制成。匀浆器的细胞破碎程度比组织捣碎机高，而其剪切力对生物大分子的破坏较小，且匀浆过程中蛋白质或酶降解的可能性很小，所以是实验室细胞破碎首选的方法之一。

（二）物理破碎法

通过温度、压力、超声波等物理因素的作用使细胞破碎的方法，称为物理破碎法。物理破碎法多用于微生物细胞的破碎。常用的物理破碎法有反复冻融破碎法、温度差破碎法、压力差破碎法和超声波破碎法。

1. 反复冻融破碎法 把样品置于低温（-20～-15 ℃）下冰冻一段时间，然后取出，在室温（或 40 ℃）下迅速融化。如此反复冻融多次，细胞可在形成冰粒和增高剩余细胞液浓度的同时，发生溶胀、破碎。

2. 温度差破碎法 利用温度的骤然变化使细胞因热胀冷缩的作用而破碎的方法称为温度差破碎法。样品为病毒或细菌时可用此法。操作时，将在-18 ℃冷冻的材料投入沸水中，或将较高温度的热细胞突然冷冻，都可使细胞破碎。

3. 压力差破碎法 通过压力的变化使细胞破碎的方法称为压力差破碎法。常用的压力差破碎法有高压冲击法、突然降压法等。

4. 超声波破碎法 超声波破碎法是破碎细胞和细胞器有效的方法，多用于微生物材料。处理效果与样品浓度及超声频率有关。在悬浮液中加入石英砂可缩短破碎时间。为了防止电器长时间运转产生大量热量，常采用间歇处理和降温的办法进行。

（三）化学及生物化学破碎法

利用某些化学试剂或酶改变细胞壁或细胞膜的通透性，从而使细胞内物质有选择地渗透出来，这种处理方法称为化学及生物化学破碎法。常见的化学及生物化学破碎法有以下几种：

1. 试剂处理法 脂溶性溶剂如丙酮、氯仿、甲苯等处理细胞时，可把细胞膜结构溶解而破坏细胞，这种方法称为试剂处理法。表面活性剂如十二烷基磺酸钠、去氧胆酸等也可溶解细胞膜而使细胞破碎。

2. 自溶法 将待破碎的新鲜材料放在一定的 pH 和适当的温度条件下，利用细胞中自身的酶系将细胞破坏，使细胞内含物释放出来的方法，称为自溶法。采用自溶法时需加少量防腐剂，如甲苯、氯仿等，以防止外界细菌的污染。应用此法操作时要特别小心，因水解在破坏细胞壁、细胞膜的同时，某些有效成分在自溶时也能分解。

3. 溶胀法 细胞膜为天然的半透膜，在低渗溶液中，由于存在着渗透压差，大量溶剂分子进入细胞，引起细胞膜胀破，这种方法称为溶胀法。例如红细胞膜制备就可用此法。

4. 溶菌酶法 溶菌酶具有专一性地破坏细菌细胞壁的功能，可适用于多种微生物。人们利用溶菌酶这一性质处理微生物，可使微生物细胞破碎，这种方法称为溶菌酶法。

在破碎细胞时，具体使用何种方法，要根据样品的特点和实验要求决定。动物细胞比较柔软、易破，常用匀浆器破碎法；植物细胞较硬，常用研磨破碎法；而微生物细胞破碎常用超声波破碎法；若是处理样品体积比较大，则可用组织捣碎法。总之，经过处理，要使细胞充分破碎，而且所纯化或分析的物质完全保持生理活性状态。

第三节　悬浮介质的选择原则

细胞是一个温和而又协调的大家庭，细胞的各种组分在其中可正常执行自己的生物学功能；细胞又通过分室分工，保证了一种成分不受另一种成分的干扰和毒害。当细胞被破坏以后，这一切都改变了。细胞内在的环境不存在了，各种成分互相融合在一起，会大大降低甚至破坏有效成分的活性。因此，在破碎细胞时，一定要选择适当的悬浮介质来悬浮细胞的破碎成分，尽量创造一个接近细胞内的环境，确保有效成分的活性。

一、维持渗透压

细胞及细胞器具有一定的渗透压，使它们能保持一定的形状而行使其功能。当实验目的是提取细胞器时，其悬浮介质必须要维持一定的渗透压。维持渗透压的溶质应该是亲水、不解离、对测定结果无干扰的物质。常用的溶质有蔗糖、甘露醇和山梨醇等，其所用浓度因样品而异，范围为 $0.25\sim0.6\,mol/L$，一般材料是 $0.4\,mol/L$ 左右。

二、维持 pH

活性细胞的 pH 一般都接近于中性，这个 pH 是靠一套有效的缓冲体系维持的。缓冲体系由无机物和有机物两类物质组成。

无机物为磷酸盐或碳酸盐组成的缓冲系统：

$$H_2CO_3 \Longrightarrow HCO_3^- + H^+ \qquad HCO_3^- \Longrightarrow CO_3^{2-} + H^+$$

$$H_2PO_4^- \Longrightarrow HPO_4^{2-} + H^+$$

有机物为氨基酸和蛋白质：

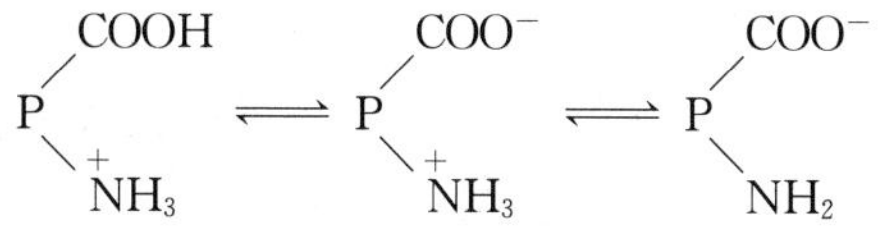

蛋白质和某些有机分子的活性对 pH 变化较敏感，当细胞破碎以后，细胞的缓冲体系遭到破坏，我们必须通过有效的缓冲体系来维持 pH，以保证生物活性物质不被破坏。生物系统中常作为缓冲液的酸和碱及其 pK_a 值可见表 1-2。在 pH 6~8 的范围内，人们经常用的是磷酸盐缓冲液和 Tris-HCl 缓冲液。磷酸盐缓冲液由磷酸氢盐和磷酸二氢盐组成，其配对离子是钾离子或钠离子。Tris-HCl 缓冲液由 Tris（三羟甲基氨基甲烷）和 HCl 组成。Tris 的氨基可接受质子，也可放出质子，因此具有缓冲能力，当它和 HCl 共存时就可形成不同 pH 的缓冲液。

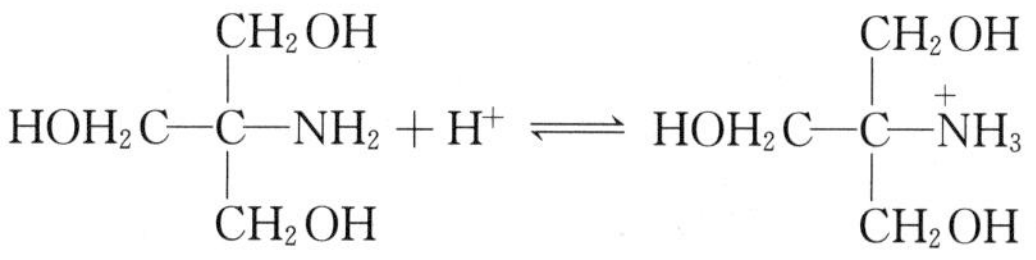

表 1-2　缓冲液中常用的酸和碱及其 pK_a 值

酸或碱	pK_a（25 ℃）
甘氨酸	2.34，9.60
甘氨酰甘氨酸	3.15，8.13
乙酸	4.75
巴比妥酸	3.98
碳酸	6.10，10.22
柠檬酸	3.10，4.76，5.40
4-羟乙基哌嗪乙磺酸（Hepes）	7.50
磷酸	1.96，6.70，12.30
哌嗪-1,4-二乙磺酸（Pipes）	6.80
邻苯二甲酸	2.90，5.40
琥珀酸	4.18，5.56
酒石酸	2.96，4.16
硼酸	9.24，12.74，13.80
Tris	8.14

三、消除有害因素

细胞破碎后会释放出一些对蛋白质、酶等活性分子有害的物质，另外，空气中的氧气也会使活性分子氧化。因此选择悬浮液介质时，在悬浮液介质中应加上防止和消除这些有害因素的物质。

1. 防止氧化　大多数蛋白质含有一定数目的巯基，它们可参与和底物的结合或催化，因而保护活性巯基是保护蛋白质活性的关键之一。当细胞破碎后，蛋白质的这些巯基在空气中的氧或其他氧化剂作用下会形成二硫键，从而导致蛋白质失活。有很多化合物可防止二硫键的生成，如β-巯基乙醇、半胱氨酸、还原型谷胱甘肽、巯基乙酸及二硫苏糖醇（DTT）等。在溶液中，蛋白质和巯基试剂间发生下列互换反应：

$$蛋白质—S—S—蛋白质 + K—SH \rightleftharpoons 蛋白质—SH + 蛋白质—S—S—K$$
$$蛋白质—S—S—K + K—SH \rightleftharpoons 蛋白质—SH + K—S—S—K$$

上述反应的平衡常数接近1，所以需要加入过量的保护剂。

另一类要防止的化合物是醌类，这种化合物是植物或微生物细胞被破坏后，其中含有的酚被空气氧化而生成的。醌的出现不仅使细胞匀浆变为棕褐色，同时也会使蛋白质结构发生改变。防止醌产生的办法，一是加入巯基乙醇（一般浓度为20～30 mmol/L）以防止氧化；二是加入聚乙烯吡咯烷酮（PVP），通过它与酚类专一性的结合而防止酚氧化为醌。

2. 消除重金属离子　重金属如铅、铁、铜等的离子，可以和蛋白质的巯基起作用，使蛋白质变性失活。这些重金属离子主要来源于配制缓冲液的试剂和配制溶液的水。消除这些重金属离子的办法，一是用去离子水或重蒸水配制试剂；二是在溶液中加入1～3 mmol/L乙二胺四乙酸（EDTA），可将这些重金属离子螯合掉。

3. 防止蛋白酶和核酸酶的作用　在纯化蛋白质或核酸时，随着细胞的破裂，蛋白酶和核酸酶释放出来。在一定条件下，这些水解酶会水解其底物，而使欲分离物质被降解，使实验失败。为了防止这些问题的产生，必须小心地加入抑制剂［如苯甲基磺酰氟化物（PMSF）］，或调节悬浮介质的pH、离子浓度等，使这些酶丧失活性。

四、保持溶液一定的极性和离子强度

悬浮介质应该有一定的极性，因为蛋白质在极性溶液里溶解度大一些，但不同的蛋白质在不同极性的溶液中稳定性不同。有的蛋白质在极性大、离子强度高的溶液中稳定，例如提取刀豆蛋白 A 时，需用 0.15 mol/L 甚至更高浓度的氯化钠。而有的蛋白质在极性小、离子强度小的溶液中稳定，如脾磷酸二酯酶，用 0.2 mol/L 蔗糖的水溶液即可提取出来。降低溶液极性的办法是在水溶液中增加蔗糖或甘油的浓度。加入二甲基亚砜（DMSO）或二甲腈甲酰胺，其降低溶液极性的作用更强大。增加溶液极性的方法一般是加入氯化钾、氯化钠、氯化铵等。

五、温度

细胞内很多生物活性物质的稳定性常受温度的影响，因此，在实验中要控制好温度。如在蛋白质、细胞器或酶的提取过程中，都要保持温度在 0～4 ℃。在蛋白质和酶制剂保存过程中也要求温度在 0 ℃左右。但在有些情况下并非如此，如从鸟肝中分离出的丙酮酸羧化

酶，只有在 25 ℃时才稳定。因此，在酶液提取时，对于像超氧化物歧化酶（SOD）、细胞色素 c 氧化酶等对温度敏感的酶，必须控制提取时的温度，但对于像淀粉酶、抗坏血酸氧化酶等对温度不敏感的酶，在室温下提取即可。

第四节 实验方案的确定

在进行具体研究工作前，首先要确定实验方案。实验方案一般包括下列内容：

（1）实验目的的确定 确定要解决的问题和达到的目的。

（2）实验材料的选择 根据实验目的，选择合适的材料。

（3）技术路线的确定 根据实验目的，选择合适的技术，使操作过程简便易行，能以较少的工作得出较大的成果。

（4）数据分析处理方法 根据实验目的和应用的技术，选择合适的数据分析处理方法。

在以上内容中，最关键的是技术路线的确定。技术方法选择得当与否决定着是否能顺利达到预期的目的。常用的生物化学技术可分为制备技术和分析技术，如图 1-1 所示。当然这种分类也不是绝对的，有的制备技术也属于分析技术。

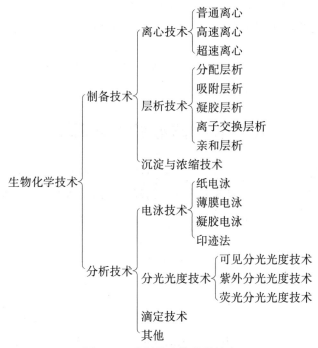

图 1-1 常用的生物化学技术

在分离纯化某物质时常常需要选择几种分离方法结合起来运用，在认真分析有效成分特性、结构及所选材料特点的基础上，深入理解各种分离方法的原理和用途，合理、巧妙地设计纯化方案。

第二章　离心技术

离心技术（centrifugal technology）是利用离心机旋转时产生的强大离心力以及物质的大小、形状和密度的差异而进行分离的一种方法。这种技术是分离细胞器和大分子物质以及固、液分离等方面必备的手段之一，它也是测定某些纯品物质部分性质的一种方法。目前这一方法在生物科学，尤其是生物化学与分子生物学方面研究的应用十分广泛。

1872 年 Misher 曾利用离心机分离蜂蜜和牛奶。由于科学研究和生产的需要，1924 年 Svedberg 和 Rinde 首先设计并制造了超速离心机，实现了在强大离心力场作用下的微小颗粒沉降。利用超速离心机研究的第一个高分子化合物是蛋白质。1926 年 Svedberg 和 Fähraus 用超速离心机测定了相对分子质量为 68 000 的马血红蛋白。为了检验纯化组分的均一性，随后又发展了先进的分析超速离心机。随着离心技术的发展，离心技术的基本理论和方法日趋完善。1951 年 M. K. Bankke 在差速离心的基础上发展了速率区带离心法，大大提高了超速离心技术对生物材料的分离效果。1955 年 N. G. Anderson 发明了区带转头。1958 年 Meselson 和 Shtahl 利用氮的同位素 ^{15}N 标记大肠杆菌 DNA，由于 $^{15}N-DNA$ 的密度比 $^{14}N-DNA$ 的密度大，在氯化铯密度梯度离心时，这两种 DNA 形成位置不同的区带，此方法首先证明了 DNA 生物合成的半保留复制机制。

第一节　离心的基本原理

离心的主要设备为离心机，离心机的型号虽然繁多，但其基本原理都是一样的。将待分离的物质悬浮于一定的介质中，装入离心管，精确平衡后放入转头的对称位置。当转头旋转时，各种物质粒子在离心力作用下因各自大小、形状和密度的差异而以不同速度沉降，从而得到分离。

离心方法是根据物质颗粒在一个实用离心场中的行为发展起来的。一个质量为 m 的颗粒在离心场中所受离心力（F）的大小由角速度（ω）（以 rad/s 表示）和旋转半径（r）（以 cm 表示）决定，它可用下列公式表示：

$$F = m\omega^2 r$$

式中，$\omega^2 r$ 是单位质量的任何粒子受到的离心力，称为单位离心力或离心场强。单位离心力的大小一般用相对离心力（RCF）表示，表示方法为"数字×g"，例如 10 000×g。这里的"g"是重力加速度，所以相对离心力就是重力加速度的倍数。利用图 2-1，在一定旋转半径下，可方便地进行转速和相对离心力的互换。

欲将转速换算为相对离心力时，首先在 r 标尺上取已知的 $r_{平均}$ 和在转速（n）标尺上取已知的离心机转速，然后通过这两点画一条直线，在图 2-1 中 RCF 标尺上的交叉点即为相应的离心力值。注意，若已知转速在 n 标尺的右边，则读取 RCF 标尺上右边的数值；同样，转速处于 n 标尺的左边，则应读取 RCF 标尺左边的数值。工作时，若是对离心力要求严格

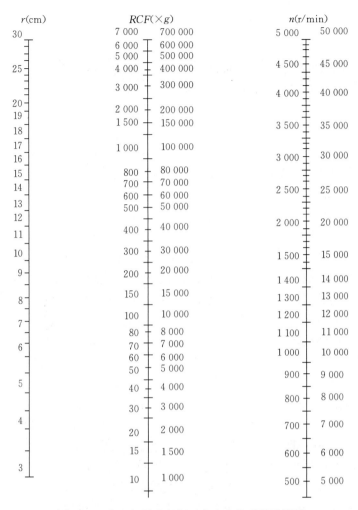

图 2-1 离心机转速与相对离心力的列线计算图

的操作，应采用相对离心力表示，如密度梯度离心；若是对离心力要求不严的操作，可用转速表示，如实验只要求通过离心取得上清液时。一般情况下，低速离心时常以转速（单位：r/min）来表示，高速离心时则以相对离心力表示。相对离心力可以更真实地反映颗粒在离心管内不同位置的离心力及其动态变化。

颗粒在单位离心力作用下的沉降速度称为沉降系数（sedimentation coefficient），用 S 表示，单位是秒（s）。通常很多生物大分子的沉降系数大于 10^{-13} s，因此规定 10^{-13} s 为一个 Svedberg 单位（S），以纪念这一分析方法的创始人 Svedberg。生物学科中常用沉降系数来表示某些大分子或细胞器的大小，例如 16S rRNA、23S rRNA、80S 核糖体等。沉降系数与物质的大小、形状、密度以及介质的密度、黏度等因素有关，同时也与样品温度有关。

颗粒的沉降速度不但取决于离心力，离心时间也是决定因素。离心时间的长短根据被分离物质的性质（如颗粒的浮力、密度、大小等）、样品介质黏度、离心机的性能等确定。一般在保证好分离效果的前提下，尽可能缩短离心时间。

第二节 离 心 机

离心机是离心技术的关键设备。根据使用目的的不同,离心机分为制备离心机和分析离心机。离心机中与离心技术应用直接相关的部件之一是转头。

一、制备离心机

制备离心机主要用于分离各种生物材料,每次分离的样品容量比较大。制备离心机可分为三大类,即普通离心机、高速离心机和超速离心机。

(一)普通离心机

不同型号的普通离心机最高转速不同,最大转速可达 6 000 r/min 左右,最大相对离心力近 6 000×g,容量为几十毫升至几升,分离形式是固液沉降分离,转头有角式和外摆式。普通离心机转速低,转速不能精确控制,无冷冻系统,于室温下操作,用于收集易沉降的大颗粒物质,如红细胞、酵母细胞等。这种离心机多用交流整流子电动机驱动,电机的碳刷易磨损,转速由电压调压器调节,启动时电流大,速度升降不均匀,转头一般被镶置在一个刚硬的轴上,因此精密地平衡离心管和它们的内含物(两管相差不超过 0.25 g)是十分重要的,转头中绝不允许装载单数离心管,当转头为部分装载时,离心管必须放在转头的对称位置,以便使负载均匀地分布在转头轴的周围。用这种离心机时还应注意防止样品热变性。

(二)高速离心机

高速离心机的最大转速为 25 000 r/min,最大相对离心力达 89 000×g,一般都带有制冷设备,以消除由于转头与空气摩擦而产生的热量。这类离心机常见的有两种:一种为低容量高速冷冻离心机;另一种是较简单的大容量连续流动离心机,其主要用途为从大体积(5~500 L)培养液中收集酵母和细菌细胞。

低容量高速冷冻离心机是生物化学实验室中应具备的主要设备。这种离心机的速度控制要比普通离心机的速度控制精确,通过离心室底部的热电偶可使离心机的温度维持在 0~4 ℃。它装有控制时间、转速、温度的调节器,也具有减速控制器,以便在离心结束时缩短减速所需的时间,可采用各种转头。此种离心机通常用于微生物菌体、细胞碎片、大细胞器、硫酸铵沉淀物和免疫沉淀物等的分离纯化,但不能有效地沉降病毒、小细胞器(如核蛋白体)或单个分子。使用时应使离心管精确平衡。

(三)超速离心机

超速离心机最高转速可达 80 000 r/min,相对离心力最大可达 500 000×g,离心容量从几十毫升至 2 L。其与高速离心机的主要区别是超速离心机装有真空系统。超速离心机两管相差最高限度为 0.1 g。超速离心机的出现,使生物科学的研究领域有了新的扩展,它能使过去仅仅在电子显微镜下观察到的亚细胞器得到分级分离,还可以分离病毒、核酸、蛋白质和多糖等。

超速离心机主要由四部分组成,即驱动和控速装置、温度控制设备、真空系统和转头。驱动和控速装置是由水冷或风冷电动机通过精密齿轮箱或皮带变速,或直接用变频感应机驱动,并用微机进行控制。由于驱动轴的直径较细,因而在旋转时此细轴有一定的弹性弯曲,以便适应转头轻度的不平衡,而不至于引起震动或转轴损伤。超速离心机还有一个过速保护装置，以防止转速超过最大规定转速而引起转头的撕裂或爆炸，其离心腔用装甲钢板密闭。

超速离心机的温度控制是通过安装在转头下面的红外线射量感应器直接且连续的监测而实现的，这种控温系统比热电偶装置更灵敏、更准确。

离心转速在 15 000 r/min 以下时，空气与转头摩擦只产生少量的热。而在使用更大的转速时，空气的摩擦作用明显增大，当转速超过 40 000 r/min 时，由摩擦产生的热量就成为严重的问题，仅仅通过制冷系统不足以抵消转头与空气摩擦产生的热，因此设计了真空系统。离心转速在 30 000~50 000 r/min 时，一般使用机械泵抽真空，真空度达 13.3 Pa。离心转速高于 50 000 r/min 时，一般使用油泵扩散泵和机械泵进行二度抽真空，真空度可小于 0.133 Pa。

二、分析离心机

分析离心机的结构与超速离心机相同，只是分析离心机一般都带有光学系统。通过光学系统，可以观察到大分子物质在离心场中的沉降行为，进而可研究纯的生物大分子和颗粒的理化性质，依据待测物质在离心场中的行为（用离心机中的光学系统连续监测），能推断物质的纯度、形状和相对分子质量等。分析离心机的主要特点：能在短时间内，用少量样品就可得到一些重要信息；能确定生物大分子是否存在及其大致含量；能计算生物大分子的沉降系数；能检测生物大分子的构象变化。

三、转头

转头又称为转子，是离心机的核心工作部件。在低速和高速条件下使用的是铝合金制成的转头，在超速条件下则须使用钛合金转头。离心机的转头有多种形式，以下介绍 6 种离心机的转头形式。

1. 水平吊桶式转头 这种转头多为"十"字形，共可挂 4 个吊桶。吊桶是一个圆桶状的部件，其中可放一个大容量的离心管或另加附件放置多个小容量离心管。它分为敞开式和带减阻罩式两种。这种转头常见于普通离心机，适用于低速大容量和多管离心，特别适用于放射免疫和其他同位素标记测定。

当转头静止时，吊桶呈垂直态；当转头旋转时，吊桶逐渐分开；当转速达 200 r/min 以上时，吊桶则被甩到 90°水平位置，使粒子沿离心方向运动，从而使固液分离。这种转头常用于通过离心除去残渣获得上清液或收集沉淀物的工作。

2. 甩出-水平转头 甩出-水平转头又称荡平式转头、水平转头等。这种转头上悬吊 4~6 个可自由活动的离心管套（吊桶），工作方式与水平吊桶式转头相同，但其结构要比水平吊桶式转头更复杂、精密，机械强度也高得多。这种转头工作时，离心管内的粒子先沿离心力方向运动，碰到管壁后再沿管壁下滑，因此离心时被分离的样品带垂直于离心管纵轴，有利于离心结束后由管内分层取出已分离的各样品带（图 2-2）。这种粒子沉降方式引起介质对流作用小，使它特别适用于以密度梯度离心法进行的高纯分离。但这种转头的寿命较短，重心较高，低速运转时易摆动，离心管容量也小。

3. 角式转头 这种转头由一块完整金属构成，转头上带有多个装离心管用的孔穴，孔穴的中心线与旋转轴的夹角为 15°~35°，是各类转头中最高转速的转头，具有强度高、重心低、运转平稳、使用方便、寿命较长、离心管温度分布均匀、温度对流小的优点。物质粒子在离心管中的运动行为是先顺着离心力方向沉降，碰到管壁后以较高速度滑到底部（图 2-2）。因此粒子穿过溶剂层的距离短，离心所需时间也较短。但粒子这种运动方式会在离心管内壁出现反弹，从而使离心管外侧内壁附近产生强烈的对流和涡旋，影响分离纯度。角式转头对于分离沉降特性差异较大的颗粒效果较好，常用于差速分离。但由于不断改进角式转头的性能，新型角式转头同样可用于密度梯度离心。

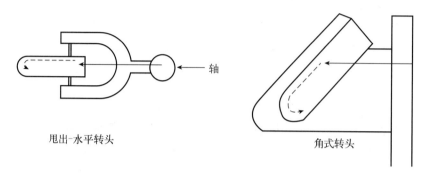

甩出-水平转头   角式转头

图 2-2 不同转头中粒子的运动轨迹

4. 垂直管转头 垂直管转头和角式转头同属于固定角转头，离心管垂直放置。由于这种转头中粒子沉降行程特别短，由温差引起的对流也不显著，离心所需要的时间仅为角式转头的 $1/3\sim1/2$，为甩出-水平转头的 $1/5\sim1/3$。但在加速、减速过程中，这种转头中溶液梯度层有水平→垂直→水平的变化。为了使这种梯度转换在加速和减速过程中顺利进行而不产生涡旋和不同密度层的对流，使用垂直管转头的离心机须有 $0\to1\,000$ r/min 慢加速和 $1\,000\to0$ r/min 慢减速以及和正常程序之间的自动转换功能。

5. 区带转头 区带转头无离心管，主要由一个转子桶和可旋开的顶盖组成，转子桶中装有"十"字形隔板装置。隔板内有导管，样品液从转头中央的进液管泵入，通过这些导管分布到转子四周。沉降的样品颗粒在区带转头中的沉降情况不同于角式转头，在径向的散射离心力作用下，颗粒的沉降距离不变，因此管壁效应极小，可避免区带和沉降颗粒的紊乱，分离效果好。区带转头还具有转速高、容量大、形成梯度容易、不影响分辨率的优点，使超速离心用于制备和工业成为可能。其缺点是样品和介质直接接触转头，耐腐蚀要求高，操作复杂。

6. 连续流动转头 这种转头的进料和分离液的排除是连续的，通常用于大量培养液或提取液的浓缩和分离。一般有一个样品液的入口，一个离心液的出口。离心时样品液由入口连续流入转头，在离心力作用下，悬浮颗粒沉降于转子桶壁，上清液由出口流出。由于样品液是连续流动的，转头的体积较小，转速较高。使用连续流动转头不仅可简化操作，而且省时。这种转头已经被广泛应用于生物、医药和饮料加工等大量样品的制备和分离。

四、离心机的操作和注意事项

离心机是生物化学实验教学和科研中的常用精密设备，要求使用者具有高度的责任心，而且要对仪器的性能、原理、使用方法和操作程序熟悉。使用不当或缺乏定期的检修和保养，都可能发生严重事故，因此使用离心机时必须严格遵守操作规程。

1. 检查 使用离心机时首先需要对离心机进行如下事项的检查：离心机的各部件是否

正常，电源及开关等部分电流是否接通，是否换好所需的转头。

2. 恰当选择离心管 装载溶液时，要根据各种离心机的具体操作说明进行，根据待离心液体的性质及体积选用合适的离心管。离心管主要用塑料、不锈钢或玻璃制成，塑料离心管常用的材料有聚乙烯（PE）、聚碳酸酯（PC）、聚丙烯（PP）等，其中聚丙烯管质量较好。塑料离心管的优点是透明、硬度小，缺点易变形、抗有机溶剂腐蚀性差、使用寿命短。不锈钢离心管强度大，不变形，能抗热、抗冻、抗化学腐蚀，但也应避免强腐蚀性化学药品。有的离心管无盖，液体不得装得过多，以防离心时甩出，造成转头不平衡、生锈或被腐蚀。而超速离心机的离心管，常常要求必须将液体装满，以免离心时塑料离心管的上部凹陷变形。

3. 注意平衡 使用各种离心机时，必须事先在天平上精密地平衡离心管和其内容物。每个离心机不同的转头有各自的允许差值，平衡时质量之差不得超过各个离心机说明书上所规定的范围。普通离心机两管相差最高限度为 0.25 g，超速离心机为 0.1 g。转头中绝对不能装载单数的离心管，当转头只是部分装载时，离心管必须互相对称地放在转头中，以便使负载均匀地分布在转头的周围。

4. 运转 离心机转速达到所需数值后开始计时，离心过程中，要多次检查离心机是否运转正常，有无异常声音或气味等。随时观察离心机上的仪表是否正常工作，如有异常应立即停机检查，及时排除故障。

5. 取样 离心完成，转头停止转动后，打开盖子取样，从转头中取出离心管时要小心，动作要轻，不摇晃。若为固液分离，需要小心地将上清液转移出来，注意不要扰动沉淀部分。若为密度梯度离心，则需用特殊方法将各梯度层取出。

6. 注意保护转头 每次使用后，必须仔细检查转头，及时清洗、擦干。转头是离心机中需重点保护的部件，搬动时要小心，不能碰撞，避免造成伤痕，转头长时间不用时，要涂上一层光蜡保护。每个转头有其最高允许转速和使用累积限时，使用转头时要查阅说明书，不得过速使用。每个转头都要有一份使用档案，记录累积的使用时间。当转速超过了该转头的最高使用限时，须按规定降速使用。

7. 离心机的保养和使用 离心机应置于水平的台面或地面上，要定期给各部件加润滑油，定期检查碳刷磨损情况。离心腔及其他部位要保证干净，注意防潮、通风、降温，定期检查机组特别是驱动部分的性能。对于冷冻离心机，在离心前要预冷转头和离心腔。

第三节 常用离心技术

一、沉淀离心

沉淀离心是选定一定的转速、时间来进行离心，使样品液中的大颗粒固形物与液体分离，从而获得沉淀或上清液，所用离心机为普通离心机。这是一种最初级而应用最为广泛的方法，如匀浆液残渣的去除、硫酸铵沉淀的获得、粗酶液的制备、血浆的制备等。

二、差速离心

差速离心是指逐渐增加转速或低速和高速交替进行，使沉降速度不同的颗粒在不同的转速及不同离心时间下分批分离的方法。此法一般用于分离沉降系数相差较大的混合样品，是目前实验室中应用广泛的一种离心方法（图2-3）。

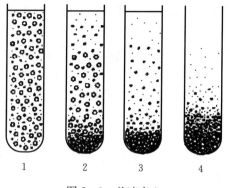

差速离心首先要选择好颗粒沉降所需的转速和离心时间。当以一定的转速在一定的离心时间内进行离心时，在离心管底部就会得到最大和最重颗粒的沉淀。分出的上清液在加大转速下再进行离心，又得到第二部分较大和较重颗粒的沉淀及含较小和较轻颗粒的上清液，如此多次离心处理，就能把液体中的不同颗粒较好地分离开。此法所得的沉淀是不均一的，仍含有其他成分，需

图2-3 差速离心
（离心管1→4，转速逐级增加，颗粒被逐级分离）

经过2~3次的再悬浮和再离心，才能得到较纯的颗粒。植物细胞中亚细胞组分的差速离心步骤如图2-4所示。

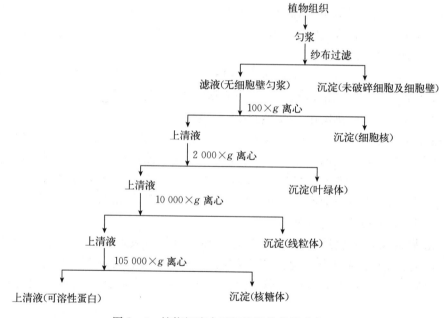

图2-4 植物细胞中亚细胞组分的差速离心

此法的优点是操作简便，离心后上清液通过倾倒法即可与沉淀分开，并可使用容量较大的角式转头等。此法的缺点是分离效果差，不能一次得到纯颗粒，须多次离心；管壁效应严重，特别是当颗粒较大、提取液黏度较高时，会在管壁的一侧出现沉淀；沉淀于管底的颗粒受挤压，容易变性失活。此法主要适用于从组织匀浆液中分离细胞器和病毒。

三、密度梯度离心

密度梯度离心是一种在密度梯度的介质溶液中，利用各种物质粒子存在沉降速度和浮力密度差，把它们分配到特定位置而形成不同区带的方法。在密度梯度介质中进行离心，能防止对流，减少扩散，从而得到更好的分离效果。使用这种方法一次离心就可获得较纯组分，

并能保持组分活性。它是目前制备高纯物质最常用的方法之一。密度梯度离心法又分为差速区带离心法和等密度区带离心法。

(一)差速区带离心法

当不同的颗粒间存在沉降速度差时，在一定的离心力作用下，颗粒各自以一定的速度沉降，在密度梯度介质的不同区域上形成区带的方法，称为差速区带离心法。此法仅用于分离有一定沉降系数差的颗粒（20%的沉降系数差或更大）或相对分子质量相差 3 倍及以上的蛋白质。这种离心方法适合于 RNA 和 DNA 混合物、核蛋白体亚单位和其他细胞成分的分离。其关键是选择合适的离心转速和时间。

离心管先装好密度梯度介质溶液，样品液加在梯度介质的液面上。离心时，由于离心力的作用，颗粒离开原样品层，按不同沉降速度向管底沉降，离心一定时间后，沉降的颗粒逐渐分开，最后形成一系列界面清楚的不连续区带（图 2-5）。沉降系数越大，往下沉降越快，

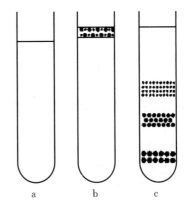

图 2-5　差速区带离心
a. 充满密度梯度介质溶液的离心管
b. 样品液加在梯度介质顶部
c. 在离心力作用下，粒子按照它们的
相对分子质量以不同的速度移动

所呈现的区带也越低。根据粒子沉降情况，离心必须在沉降最快的大颗粒到达管底前或刚达到管底时停止离心，使各种粒子处于不完全的沉降状态，而出现在不同的区带内。因此，此离心法必须控制好离心时间。样品颗粒的密度要大于梯度介质的密度。梯度介质通常为5%～20%或15%～40%蔗糖溶液，也可用甘油作为梯度介质。

(二)等密度区带离心法

等密度区带离心法，又称为沉降平衡法，是在密度梯度介质中离心时，按各种粒子浮力密度的差异而进行分离的方法。因在离心平衡后，不同密度的物质颗粒都分别移到与其密度相等的位置，即形成等密度区带，因而得名。这种方法需要介质的最大密度高于沉降组分的最大密度。体系到达平衡状态后，再延长离心时间和提高转速已无意义，处于等密度点上的样品颗粒的区带形状和位置均不再受离心时间影响，提高转速可以缩短达到平衡的时间，离心所需时间以最小颗粒到达等密度点（即平衡点）的时间为基准，有时长达数日。因此，选择相应的密度介质和使用合适的密度范围是非常重要的。这种离心技术是一种分离效果较好而且分离纯度较高的分离方法。

等密度区带离心法根据梯度形成方式可以分为两种：预形成梯度的等密度区带离心和离心形成梯度的等密度区带离心。前者离心管中预先放置好梯度介质，样品加在梯度液面上；后者样品预先与梯度介质溶液混合后装入离心管，通过离心形成梯度（图 2-6）。

等密度区带离心法的分离效率取决于样品颗粒的浮力密度差，密度差越大，分离效果越好，与颗粒大小和形状无关，但颗粒大小和形状决定着达到平衡的速度、时间和区带宽度。等密度区带离心法所用的梯度介质通常为蔗糖、聚蔗糖、氯化铯、卤化盐类等。

（1）蔗糖　蔗糖水溶性大，性质稳定，渗透压高，最大密度可达到 1.33 g/mL，且价格

便宜、容易制备，实验室常将其用于细胞器、病毒、RNA分离的梯度材料。由于蔗糖渗透压大，不宜用于细胞的分离。

（2）聚蔗糖　常用的聚蔗糖为 Ficoll-400，其渗透压低，黏度高，常与泛影葡胺混合使用来降低黏度，主要用于分离各种细胞。

（3）氯化铯　氯化铯是一种离子型介质，其水溶性大，最高密度可达 1.91 g/mL。离心时形成的梯度具有较好的分辨率，但价格较贵。氯化铯可分离核酸、质粒、亚细胞器等，也可以分离复合蛋白质（如脂蛋白），但不适用于分离简单蛋白质。

（4）卤化盐类　KBr 和 NaCl 可用于脂蛋白的分离，KI 和 NaI 可用于 RNA 的分离，卤化盐类的分辨率高于铯盐。

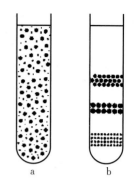

图 2-6　离心形成梯度的
等密度区带离心

a. 样品与梯度介质混合的均匀溶液
b. 离心力作用下，梯度介质重新分布，样品区带停留在等密度处

第四节　应用实例

一、叶绿体的分离与制备

1. 目的　掌握差速离心分离植物细胞器的方法；学习离心机的使用及注意事项。

2. 原理　分离、制备叶绿体的方法有很多，目前最常用且较方便的方法是差速离心法。一般叶绿体直径约为几微米，因此细胞破裂后在一定的离心范围内就能分离出叶绿体。并不是所有的高等植物都能用于制备叶绿体。有些植物细胞壁过厚，叶绿体不易从细胞中分离出来；有些植物叶绿体膜易破损。分离、制备叶绿体最常用的植物材料有菠菜、豌豆、玉米、大麦等。此外，低等植物衣藻、小球藻也是常用的材料。下面介绍以菠菜叶片为材料分离和制备叶绿体的方法。

3. 材料、设备与试剂

（1）材料　生长良好、叶色鲜绿的菠菜叶片。

（2）设备　研钵、石英砂、纱布、烧杯、冷冻离心机、721 型分光光度计等。

（3）试剂　叶绿体制备液［含 0.4 mol/L 蔗糖、0.05 mol/L Tris-HCl 缓冲液（pH 7.8）和 0.01 mol/L 氯化钠］。

4. 操作步骤

① 择取 3 g 新鲜菠菜叶片，去叶脉后先用自来水洗净，再用蒸馏水洗 1～2 次。

② 洗净的叶片在 0～4 ℃冰箱中放置 1 h 左右预冷（注意避免叶片冻结，放置时间不宜过长，若用预冷至 0～2 ℃的叶绿体制备液，可省去此步骤）。

③ 将叶片置于研钵中，加入 6 mL 预冷至 0～2 ℃的叶绿体制备液。手工快速研成匀浆（30 s 内）。用 4 层纱布过滤，去除残渣，挤出滤液，置于离心管中。

④ 用冷冻离心机 4 ℃、500×g 离心 1 min，以去除完整细胞及石英砂。

⑤ 将步骤④中所得的上清液移到另一个离心管中，在 4 ℃下 3 000×g 离心 2 min，弃去上清液，沉淀为叶绿体。

⑥ 加入一定的悬浮液（如叶绿体制备液）悬浮叶绿体。悬浮时可先放入一小团脱脂棉花，用移液管的尖头顶住棉球，使在离心管底部的叶绿体分散成悬浮液，并通过棉球吸取叶绿体至另一试管，再加入适量制备液使叶绿素含量在一定浓度范围。将此叶绿体悬浮液在冰浴中保存备用。

⑦ 叶绿素含量的测定：取叶绿体悬浮液 0.1 mL，加入离心管，再加入 4.9 mL 80% 丙酮，摇匀后 3 000 r/min 离心 2 min。上清液于波长为 652 nm 处比色，按以下公式计算：

$$叶绿体含量（mg/mL）=\frac{652\ nm\ 处的吸光度×1\ 000}{34.5}×\frac{5}{1\ 000×0.1}$$

5. 注意事项

① 以上操作从步骤②开始都应在 4 ℃条件下进行，所用的器皿、试剂都应预冷到 4 ℃左右。操作要尽量迅速，温度较高和时间较长都会导致叶绿体的完整性被破坏。

② 在没有冷冻离心机的情况下，以普通台式离心机快速操作，也能得到满意的结果。

③ 以上介绍的是一种比较简单的方法。研究者不同、研究目的不同，采用的方法会有差异，如缓冲体系的选择、维持渗透压物质的选择以及叶绿体制备液中其他试剂的选择等方面。

④ 用以上方法制备的叶绿体，60%～70% 保持完整的外膜结构。其中也混有破碎的叶绿体及其他细胞成分。除此方法外，近年来也有其他提取分离叶绿体的方法相继问世。例如，先脱去细胞壁，然后将原生质装入注射器而挤出去的方法，可减少叶绿体外膜的破坏。

二、线粒体的分离与制备

1. 目的　掌握差速离心分离植物细胞器的方法；学习离心机的使用及注意事项。

2. 原理　线粒体是重要的细胞器，其中进行着氧化呼吸作用，为细胞各项机能提供能量。为了对这个细胞器的结构和功能进行研究，需要把它从细胞中分离出来。

植物细胞线粒体一般直径为 0.5～1.0 μm，长 3 μm，沉降系数为 $1×10^4 S$～$1.7×10^4 S$。通常用差速离心法离心分离，其离心力和离心时间因材料而异。一般先用低速（500×g～1 000×g）、短时间（5～10 min）离心去除细胞碎片，然后 11 000×g～20 000×g 离心沉降线粒体。

线粒体的活性可以通过测定其呼吸控制来测得。

3. 材料、设备与试剂

（1）材料　绿豆芽。

（2）设备　高速冷冻离心机、溶氧测定成套装置、研钵、纱布、微量注射器等。

（3）试剂

① 线粒体制备液：含 0.4 mol/L 甘露醇、0.05 mol/L Tris - HCl 缓冲液（pH 7.4）、0.001 mol/L EDTA、0.1% 牛血清白蛋白。

② 线粒体悬浮液：除不加 EDTA 外，其余均同线粒体制备液。

③ 反应液：含 0.4 mol/L 甘露醇、10 mmol/L KCl、10 mmol/L MgCl$_2$、0.05 mol/L 磷酸盐缓冲液（pH 7.4）、0.01 mol/L Tris - HCl 缓冲液（pH 7.4）。

④ 其他试剂：0.2 mol/L 琥珀酸（pH 7.0）、0.2 mol/L α-酮戊二酸、0.02 mol/L 二磷酸腺苷（ADP）（pH 7.0，现用现配）。

4. 操作步骤

（1）**线粒体的制备**

① 取 20～30 g 萌发 4 d 的绿豆芽，去除根和皮，用蒸馏水洗 2 次，用滤纸吸干。

② 洗净的材料置于研钵中，加入 60～70 mL 预冷的线粒体制备液，匀浆 3～4 min。

③ 将匀浆液用 4 层纱布过滤，弃去残渣。

④ 滤液于高速冷冻离心机中 0 ℃、1 000×g 离心 10 min，倾出上清液于另一个离心管中，弃去残渣。

⑤ 上清液于高速冷冻离心机中 0 ℃、20 000×g 离心 15 min，弃去上清液，沉淀即线粒体。

⑥ 用 10～20 mL 线粒体悬浮液悬浮线粒体沉淀，冰箱保存备用。

整个制备过程必须在 0～4 ℃ 低温条件下进行，动作要迅速（不超过 1.5 h），以免线粒体老化。

（2）**线粒体活性的测定**　线粒体活性可用氧电极进行测定。

① 先将恒温水浴调至 30 ℃，用注射器将反应液（1.8 mL）注入反应室，启动电磁搅拌器，待温度平衡后，开启记录仪，调好仪器的灵敏度和零点。

② 向反应室中加入 0.2 mL 线粒体悬浮液，此时记录纸上出现斜率较低的直线，这是线粒体的内源呼吸，又称状态 1。

③ 待斜率稳定后，加入 50 µL 呼吸底物（琥珀酸或 α-酮戊二酸），加入底物后斜率略增加，反映此时线粒体氧吸收速率增加，这时的呼吸状态称为状态 2。

④ 加入 40 µL ADP，记录纸上出现较大斜率，代表在 ADP 促进下的线粒体氧吸收速率增加。既加入底物又加入 ADP 时的呼吸状态称为状态 3。

⑤ 当磷酸化反应的底物 ADP 被耗尽后，斜率又下降，表明线粒体氧吸收速率又自动降低，此时的呼吸状态称为状态 4。再加入 ADP 又回到状态 3，直至反应液中溶解的氧全部耗尽为止。

线粒体呼吸见图 2-7。

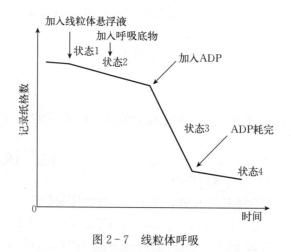

图 2-7　线粒体呼吸

（3）**计算**

① 氧吸收速率：从经标定已知的饱和溶解氧的物质的量（µmol），计算记录纸上每一格

相当的氧的物质的量（μmol）。由于记录纸的走速是恒定的，故线粒体呼吸时，可以从单位时间内记录线走过的记录纸格数，得出单位时间内的耗氧量。如已知加入线粒体的质量（以毫克蛋白计算），就能计算出氧吸收速率，单位以每小时每毫克蛋白线粒体的耗氧量表示，即 $\mu mol/(mg \cdot h)$。

线粒体蛋白质量用 Folin-酚法测定。

② ADP：O 的比值计算：ADP：O 的比值就是加入 ADP 物质的量（μmol）与此状态期间实际消耗的氧物质的量（μmol）的比值。其比值大小反映了线粒体的氧化磷酸化机能。

③ 呼吸控制的计算：呼吸控制是指 ADP 促进下的氧吸收速率和 ADP 耗尽后的氧吸收速率的比例，即状态 3 和状态 4 的氧吸收速率的比值。可用状态 3 和状态 4 在相同时间内记录纸所走的格数之比计算。其比值既可反映线粒体氧化磷酸化机能，也可以反映线粒体的完整性。

5. 注意事项

① 不同的材料、不同的研究目的，线粒体制备液中的成分会有不同。

② 提取线粒体过程应迅速地在低温下完成。

③ 悬浮线粒体时，要制成真正的悬浮液，不得有任何结块。

④ 在以线粒体为材料进行研究时，线粒体的活性不必都检测。

⑤ 线粒体的活性也可用减压法（Warburg 呼吸计）来测定。

第三章　沉淀与浓缩技术

蛋白质、核酸是生物大分子，是一切生命活动的主要物质基础，在生物体中具有重要的生物学功能。对这些生物大分子的结构和功能的研究已成为探索生命奥秘的焦点，而结构和功能的研究必须以高度纯化的生物大分子制备工作为前提。这是一种非常细致且涉及知识系统广泛的工作。由于生物大分子的结构与理化性质不同，因此其分离纯化的方法也不同。目前还没有对任何一种生物大分子分离纯化都适用的标准方法，就所采用的方法类型可将分离纯化方法归纳为以下几种：①按分子大小和形状不同进行分离提纯的方法，如差速离心、超滤、分子筛层析、透析等；②按分子溶解度不同进行分离提纯的方法，如盐析、分配层析、逆流分配、结晶等；③按分子间电荷差异进行分离提纯的方法，如电泳、电渗析、离子交换层析、吸附层析等；④按分子生物功能专一性进行分离提纯的方法，如亲和层析。

本章主要介绍与物质分离纯化有关的沉淀与浓缩技术。

第一节　沉淀技术

溶液中的溶质由液相变为固相析出的过程称为沉淀。

生物化学中纯化生物大分子的过程常用到沉淀法。该方法操作简单、安全、成本低。对同类物质如酶和杂蛋白、RNA 和 DNA 等，以及不同结构的蛋白质、核酸之间，有选择地沉淀不需要的成分，或有选择地沉淀所需要的成分。通过沉淀过程，把物质沉淀下来，固相与液相明显分离开，根据需要留固相弃去液相，或留液相而弃去固相，把所需要的物质保留下来。

已纯化的液态大分子化合物也可以通过沉淀技术将其液态转为固态，加以保存，或做进一步的处理。这个过程也是一个浓缩的过程。

一、沉淀技术的基本原理

沉淀法也称溶解度法，其纯化生物大分子物质的基本原理是，各种物质的结构差异性（如蛋白质分子表面疏水基团和亲水基团之间比例的差异性）导致它们在同一溶液中的溶解度也有差异性。另外，由于提取液中某些因子（如 pH、离子强度、极性、金属离子等）的改变，可引起其中一些物质的溶解度发生明显变化，所以适当地改变提取液或者提取液中的某些因子，使被分离的有效成分呈现最大溶解度，而将其他成分的溶解度大大降低，或者正好相反，以达到通过沉淀法分离有效成分的目的。

在生物化学实验中，沉淀法大多针对具有生物活性的物质，因此不仅要考虑沉淀能否发生，同时还应考虑沉淀剂与沉淀条件对生物活性、结构是否具有破坏作用，以及沉淀剂是否容易从生物活性物质中除去等问题。在生物化学中常用到的沉淀法有：

① 盐析法：常用于蛋白质的分离纯化。

② 有机溶剂沉淀法：多用于生物小分子、多糖及核酸产品的分离纯化，有时也用于蛋白质沉淀，用时要防止蛋白质变性。

③ 等电点沉淀法：用于氨基酸、蛋白质、核酸及其他两性物质的沉淀。一般多与其他方法结合使用。

④ 非离子多聚体沉淀法：用于分离生物大分子。

⑤ 生成盐复合物沉淀法：用于多种化合物，特别是小分子物质。

⑥ 热变性及酸碱变性沉淀法：也称作选择性沉淀法，常用此法选择性地除去某些不耐热及在一定 pH 下容易变性的杂蛋白，但应以在实验条件下被分离物质的活性不受影响为前提。

⑦ 其他沉淀法：除上述沉淀法外，只对某一种或某一类物质产生沉淀的沉淀方法。

下面将着重介绍生物化学研究中常用到的盐析法和有机溶剂沉淀法。

二、盐析法

盐析法是利用被分离物质成分与其他物质成分对盐浓度的敏感程度不同，而达到沉淀分离目的的方法。一般蛋白质、DNA 与 RNA 等都可以在加入中性盐的溶液中沉淀析出。尽管盐析法有共沉淀作用，但在物质粗提纯阶段常常用到。

（一）原理

盐析法对许多非电解质的分离纯化都是适合的，下面以蛋白质为例说明盐析法原理。

蛋白质溶液是大分子化合物溶液，并且具有胶体的稳定性。蛋白质溶液的稳定性是由两个因素决定的。一是由于在同一溶液中，蛋白质分子表面带有相同电荷产生相互排斥现象；二是由于蛋白质分子外表的一层水化膜致使其分子体积增大，减少了互相碰撞的机会。如果在蛋白质溶液中加入中性盐溶液，当盐浓度低时，盐类离子与水分子对蛋白质分子上的极性基团产生影响，使蛋白质在水中溶解度增大，这种现象称为盐溶。但当盐浓度增高到一定程度时，盐类离子则可中和蛋白质分子表面的大量电荷，同时破坏水化膜，水的活度被降低，使蛋白质分子相互聚集而发生沉淀，这种现象称为盐析。

由于不同的蛋白质分子对盐浓度的敏感程度不同，所以选用不同浓度的中性盐溶液，使不同的蛋白质分别沉淀析出，以达到蛋白质初步的分级分离目的。

（二）盐类的选择

一般蛋白质沉淀常选用的盐类为硫酸铵，与其他盐类（如氯化钠、硫酸钾等）相比，硫酸铵有以下优点：①硫酸铵的溶解度大而温度系数小。水温在 25 ℃时，其溶解度为 4.1 mol/L（767 g/L）；水温在 0 ℃时为 3.9 mol/L（679 g/L）。②硫酸铵对物质的分级效果好。在一些提取液中加入适量的硫酸铵经过一步分级沉淀，就可除去 75% 以上的杂蛋白。③硫酸铵还有稳定蛋白质结构的作用。2～3 mol/L 硫酸铵盐析蛋白质，可于低温条件下保存 1 年且蛋白质性质不发生变化。④硫酸铵价廉易得，废液还可以作为肥料。

硫酸铵也有缺点。当蛋白质需要进一步纯化时，需要进行脱盐，花费一定的时间。另外，硫酸铵的缓冲能力较弱，且含有氮原子，对蛋白质的定量分析可能会带来一定的影响。

硫酸铵的 pH 常在 4.5～5.5，成品硫酸铵的 pH 会降至 4.5 以下，在应用其他 pH 进行盐析时，要用硫酸和氨水调节 pH。

（三）硫酸铵饱和度的计算与加入方法

盐析所使用的硫酸铵浓度用饱和度来表示。当盐析要求不同的硫酸铵饱和度时，有以下3种调整方法。

1. 加入固体法 此法适用于大体积的样品粗提取液，盐析要求的饱和度高。当溶液体积不再增加时，多采用此法。此法很简单，将固体硫酸铵逐步加入溶液中，当达到一定的饱和度时，蛋白质便可以沉淀出来。注意要严格控制加入硫酸铵的速度，要少量多加，边加边搅动，待硫酸铵完全溶解后，再继续加入。在这个过程中，硫酸铵的浓度不断增加，水分子与硫酸铵结合，当加入的硫酸铵使溶液浓度达到"盐析点"时，蛋白质便沉淀出来。25 ℃和0 ℃条件下不同饱和度的硫酸铵溶液应加入固体硫酸铵的质量可分别由表3-1和表3-2查出。

表3-1 调整硫酸铵溶液饱和度计算表（25 ℃）

	硫酸铵终浓度（饱和度/%）																
	10	20	25	30	33	35	40	45	50	55	60	65	70	75	80	90	100
	每升溶液所加固体硫酸铵的质量/g[①]																
0	56	114	144	176	196	209	243	277	313	351	390	430	472	516	561	662	767
10		57	86	118	137	150	183	216	251	288	326	365	406	449	494	592	694
20			29	59	78	91	123	155	189	225	262	300	340	382	424	520	619
25				30	49	61	93	125	158	193	230	267	307	348	390	485	583
30					19	30	62	94	127	162	198	235	273	314	356	449	546
33						12	43	74	107	142	177	214	252	292	333	426	522
35							31	63	94	129	164	200	238	278	319	411	506
40								31	63	97	132	168	205	245	285	375	469
45									32	65	99	134	171	210	250	339	431
50										33	66	101	137	176	214	302	392
55											33	67	103	141	179	264	353
60												34	69	105	143	227	314
65													34	70	107	190	275
70														35	72	153	237
75															36	115	198
80																77	157
90																	79

左侧纵列标题：硫酸铵初浓度（饱和度/%）

① 在25 ℃条件下硫酸铵溶液由初浓度调到终浓度时，每升溶液所加固体硫酸铵的质量（g）。

表 3 - 2　硫酸铵溶液饱和度计算表（0 ℃）

硫酸铵终浓度（饱和度/%）

	20	25	30	35	40	45	50	55	60	65	70	75	80	85	90	95	100
	每 100 mL 溶液所加固体硫酸铵的质量/g[①]																
0	10.6	13.4	16.4	19.4	22.6	25.8	29.1	32.6	36.1	39.8	43.6	47.6	51.6	55.9	60.3	65.0	69.7
5	7.9	10.8	13.7	16.6	19.7	22.9	26.2	29.6	33.1	36.8	40.5	44.4	48.4	52.6	57.0	61.5	66.2
10	5.3	8.1	10.9	13.9	16.9	20.0	23.3	26.6	30.1	33.7	37.4	41.2	45.2	49.3	53.6	58.1	62.7
15	2.6	5.4	8.2	11.1	14.1	17.2	20.4	23.7	27.1	30.6	34.3	38.1	42.0	46.0	50.3	54.7	59.2
20		2.7	5.5	8.3	11.3	14.3	17.5	20.7	24.1	27.6	31.2	34.9	38.7	42.7	46.9	51.2	55.7
25			2.7	5.6	8.4	11.5	14.6	17.9	21.1	24.5	28.0	31.7	35.5	39.5	43.6	47.8	52.2
30				2.8	5.6	8.6	11.7	14.8	18.1	21.4	24.9	28.5	32.3	36.2	10.2	44.5	48.8
35					2.8	5.7	8.7	11.8	15.1	18.4	21.8	25.4	29.1	32.9	36.9	41.0	45.3
40						2.9	5.8	8.9	12.0	15.3	18.7	22.2	25.8	29.6	33.5	37.6	41.8
45							2.9	5.9	9.0	12.3	15.6	19.0	22.6	26.3	30.2	34.2	38.3
50								3.0	6.0	9.2	12.5	15.9	19.4	23.0	26.3	30.8	34.8
55									3.0	6.1	9.3	12.7	16.1	19.7	23.5	27.3	31.3
60										3.1	6.2	9.5	12.9	16.4	20.1	23.1	27.9
65											3.1	6.3	9.7	13.2	16.8	20.5	24.4
70												3.2	6.5	9.9	13.4	17.1	20.9
75													3.2	6.6	10.1	13.7	17.4
80														3.3	6.7	10.3	13.9
85															3.4	6.8	10.5
90																3.4	7.0
95																	3.5
100																	

硫酸铵初浓度（饱和度/%）

① 在 0 ℃条件下硫酸铵溶液由初浓度调到终浓度时，每 100 mL 溶液所加固体硫酸铵的质量（g）。

2. 加入饱和溶液法　此法是使蛋白质沉淀的一种温和的方法。

饱和硫酸铵的配制，一般方法是先取过量的硫酸铵加热溶解，再将溶液在 0 ℃或室温下放置至有硫酸铵固体析出，溶液即达 100% 饱和度。盐析时所需的饱和度，可以按下列公式计算：

$$V = V_0 \times \frac{S_2 - S_1}{S_3 - S_2}$$

式中：V——所需饱和硫酸铵溶液的体积，mL；

V_0——原溶液的体积，mL；

S_1——原溶液的饱和度，%；

S_2——要求达到的饱和度，%；

S_3——需要加入的硫酸铵溶液的饱和度，%。

严格地讲，混合不同体积的溶液时，总体积要发生变化而使上式造成误差，因此这个方法不适用于大体积样品液。一般由这种体积改变所造成的误差约小于 2%，故可忽略不计。

在加入饱和硫酸铵溶液的操作过程中，应注意要少量分批加入，边加边搅拌，以免造成局部浓度过高，影响分离效果。

3. 透析盐析法　将待盐析的样品液装入透析袋中，放入一定浓度的饱和硫酸铵溶液中进行透析。外部的硫酸铵由于扩散作用，不断透过半透膜进入透析袋内，逐步达到盐析所需要的饱和度，这时蛋白质便会沉淀下来。此法中盐浓度变化较为连续，不会出现盐的局部浓度升高现象，盐析效果好。但实际操作麻烦，很少使用，只有在要求比较精确、样品体积小以及结晶时才用此法。

（四）盐析应注意的问题

1. 盐的饱和度　由于不同蛋白的盐析，要求盐的饱和度不同，在分离混合组分的蛋白质时，盐的饱和度从低到高，逐渐增加，每当出现一种蛋白质后，一般放置 0.5～1 h，待完全沉淀后再进行离心或过滤（低浓度的硫酸铵溶液盐析后，固、液分离常用离心法，而高浓度的硫酸铵溶液密度大，蛋白质在悬浮液中沉降需要较高的离心速度和较长的时间，因此对固、液相的分离常采用过滤法）。再继续加入饱和液，增加盐的饱和度，使第二种蛋白质沉淀，再进行分离。以此类推，直到把所有的蛋白质组分沉淀分离出来为止。所以盐的饱和度是影响盐析的重要因素。

2. pH　在等电点时，蛋白质溶解度最小，盐析时 pH 常选择在被分离蛋白质的等电点附近。硫酸铵在水中显酸性，为了防止某些蛋白质被破坏，可用氨水调节 pH 至中性。

3. 蛋白质浓度　在相同的盐析条件下，蛋白质浓度高的容易发生沉淀，使用盐的饱和度极限也降低，对沉淀有利。若在蛋白质混合液中，蛋白质浓度过高，不同分子间的相互作用力增强，易发生蛋白质共沉淀作用，影响盐析效果。所以一般控制样品液中蛋白质浓度以 0.2%～2% 为宜。

如果进行分段盐析，要注意蛋白质浓度的变化。蛋白质浓度不同，所要求的盐析饱和度也不同。一种蛋白质若经过两次盐析，第一次由于蛋白质浓度较低，盐析分段范围应较宽，盐的饱和度范围大。第二次盐析分段范围则应比较窄，盐的饱和度范围缩小。

4. 温度　由于浓盐溶液对蛋白质有一定的保护作用，所以盐析操作可以在室温下进行。但对于那些热敏感酶，则应在低温条件下操作。

5. 脱盐　蛋白质利用盐析法处理后，需进行脱盐处理，才能进一步进行分离提纯，得到纯品。脱盐常用的方法是透析法，把蛋白质溶液装入透析袋内，然后放入蒸馏水或缓冲液中进行透析，盐离子通过透析袋扩散到水中或缓冲液中，蛋白质大分子则留在透析袋内。通过更换蒸馏水或缓冲液，直至透析袋内盐分透析完毕。由于透析时间长，应在低温条件下进行。另外，透析也可在外加低电压的电场中进行电透析，随着透析袋内盐分降低，可逐渐升高电压，以缩短透析时间，但要有冷却装置。

此外，用凝胶层析脱盐效果也很好，其原理及方法在凝胶层析一节中详述。

三、有机溶剂沉淀法

有机溶剂可以使许多能溶于水的物质发生沉淀作用。有机溶剂沉淀法与盐析法相比具有以下优点：①有机溶剂沉淀法比盐析法的分辨能力高。一种蛋白质或其他溶质只能在一个比较窄的有机溶剂浓度范围内沉淀。②有机溶剂沉淀弥补了盐析法的缺点，其沉淀不用脱盐处理，过滤也比较容易。有机溶剂沉淀法也有不足之处，它可以使某些生物大分子（如酶）变性失活，同时此法必须在低温下进行。

（一）原理

有机溶剂的介电常数比水小，可以降低溶液的介电常数，导致溶剂的极性减小，使带有异性电荷的溶质分子之间距离接近，吸引力增强，发生凝聚。另外，有机溶剂与水的作用能破坏蛋白质的水化膜，与盐溶液一样，有脱水作用，使蛋白质在一定浓度的有机溶剂中沉淀析出。

（二）有机溶剂的选择与浓度计算

有机溶剂作为沉淀剂的要求是能与水相混溶。对核酸、糖类、氨基酸、核苷酸等物质，常选用乙醇作为沉淀剂。对蛋白质的沉淀，用乙醇、甲醇和丙酮都可以，但甲醇和丙酮对人体有一定毒性。使用有机溶剂沉淀，要使溶液达到一定的浓度，需加入一定量的有机溶剂。加入的量可按下列公式计算：

$$V = V_0 \times \frac{S_2 - S_1}{100\% - S_2}$$

式中：V——需要加入有机溶剂的体积，mL；

　　　V_0——原溶液体积，mL；

　　　S_1——原来溶液中有机溶剂的浓度（体积分数），%；

　　　S_2——要求达到的有机溶剂的浓度（体积分数），%；

　　100%——需要加入有机溶剂的浓度，如果使用有机溶剂含量不是100%，则应将式中的100%改为有机溶剂的实际含量。

此计算没有考虑溶剂混合后的体积变化，以及有机溶剂的挥发，实际上可能存在一定的误差。

（三）影响有机溶剂沉淀的因素及注意事项

1. 温度　大多数生物大分子如蛋白质和核酸，在有机溶剂中对温度特别敏感，温度稍高，即发生变性。因此生物大分子溶液中要加入冷却至较低温度的有机溶剂，操作过程也必须在冰浴中进行，同时加入有机溶剂时应注意要缓慢加入，并不断搅动，以免局部浓度过高。另外，一些有机小分子化合物如核苷酸、氨基酸、生物碱等，分子结构比较稳定，不易被破坏，对温度没有十分严格的要求，但低温条件对增强它们的沉淀效果仍是有利的。

2. 样品浓度　蛋白质样品浓度低，使用的有机溶剂量大，共沉淀作用小，有利于提高分离效果。但具有生理活性的样品，易产生稀释变性。反之，高浓度样品可以节省有机溶剂，减少变性危险，但共沉淀作用大，分离效果差。

一般蛋白质最初浓度为5～20 mg/mL比较合适，再加上选择适当的pH进行分离，即可获得较好效果。

3. pH　操作时的pH大多数控制在待沉淀的蛋白质等电点附近，会有利于提高沉淀效果。有机溶剂沉淀蛋白质时，宜在稀盐溶液或在低浓度缓冲液中进行。一般在有机溶剂沉淀时加中性盐的浓度为0.05 mol/L左右比较适合，若浓度过大则导致沉淀不好。注意分离后的蛋白质沉淀，如果不是立即溶解进行二步分离，则应立即用水或缓冲液溶解，以降低有机溶剂的浓度，防止影响样品的生物活性。

第二节　浓缩技术

将低浓度的溶液除去溶剂（包括水），使之变为高浓度溶液的过程，称为浓缩。在生物化学实验中，一般样品提取液体积大时，或在结晶前，都需进行浓缩处理。从广义上讲，一些物质分离提纯的方法同样也可以起到浓缩的作用。浓缩的方法有很多，本章将介绍几种常用的浓缩方法。

一、沉淀浓缩法

关于沉淀上节已介绍，在样品提取液中加入适量的中性盐（或有机溶剂），使有效成分沉淀，通过离心或过滤收集，将沉淀再次溶解，可以大大提高样品浓度。经过透析或凝胶过滤脱盐，可供纯化使用。

二、吸附法

吸附法是一种通过吸附剂直接吸附溶剂，而使溶液浓缩的方法。

所用的吸附剂应具备以下性质：①与溶液不起任何化学反应；②对生物大分子无吸附作用；③吸附剂容易与溶液分开，并且当除去溶剂后吸附剂仍能重复使用。

常用的吸附剂有葡聚糖凝胶 G-25、聚乙二醇等。选用凝胶时，要选用溶剂和小分子物质恰好能渗入凝胶内，而大分子却完全排阻于凝胶之外的凝胶粒度，加入到待浓缩的稀溶液中，凝胶亲水性强，在水中溶胀，吸收溶剂和小分子化合物，而将生物大分子留在溶液中，经离心或过滤除去凝胶颗粒，即得到浓缩的生物大分子溶液。这种方法同时起到浓缩和分离纯化双重作用。若凝胶对有效成分吸附力强或吸水后对其性质有影响，则不宜使用。使用聚乙二醇等其他吸附剂时，将生物大分子溶液装入半透膜的袋中，外加聚乙二醇覆盖，袋内溶剂渗出即被聚乙二醇迅速吸收。当溶剂饱和后，可重新更换，直至浓缩到所需浓度。

三、超过滤法

超过滤法使用一种特制的薄膜，对溶液中各种溶质分子进行选择性过滤。把溶液装入超过滤装置（图 3-1），在空气正压或负压下，小分子物质（包括水分）会通过半透膜，而大分子物质仍留在原来溶液中。超过滤法以膜两侧的压力差为驱动力，以超滤膜为过滤介质，在一定的压力下，当原液流过膜表面时，超滤膜表面密布的孔径为 0.01 μm 的微孔只允许小分子物质通过使其成为透过液或渗透物，而截留了所需的大部分物质，以达到不同组分物质之间的分离、浓缩和纯化的目的。

图 3-1　超过滤装置

超过滤法成本低，操作方便，条件温和，能够较好地保持大分子的生物活性，适合于生物大分子，尤其是蛋白质的浓缩与脱盐。

四、减压蒸馏浓缩法

减压蒸馏浓缩法是通过降低液面气压，使液体沸点降低，从而促进蒸发，以达到浓缩目的的方法。将提取液装入减压蒸馏器的圆底烧瓶中，在真空状态下进行蒸馏浓缩（图3-2）。先将冷凝管装好，通入冷水，开动真空泵，在水浴中加热至一定温度后（沸点一般可控制在30℃左右），溶液即因大量汽化而蒸发。

减压蒸馏浓缩法常用于一些不耐热的生物大分子溶液的浓缩，适用于常温下稳定性好的物质。

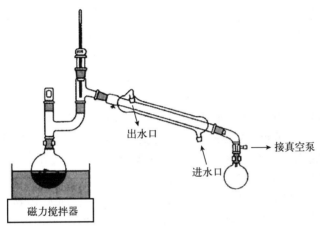

图3-2　减压蒸馏浓缩装置

五、冷冻干燥法

在低压条件下，冰很容易升华为气体。操作时，把样品提取液冰冻成固体后，将其放入装有五氧化二磷或硅胶吸水剂的真空干燥器中，连续抽真空，使其达到浓缩、干燥状态。应用此法干燥后的产品具有疏松、溶解度好、保持天然结构等优点。此法常用于抗生素和医用针剂冻干粉等的制备。

第三节　应用实例

一、酵母RNA的分离提取

1. 目的　掌握RNA提取的原理和操作；理解沉淀法在核酸提取中的应用。

2. 原理　微生物是工业上大量生产核酸的原料，其中以酵母尤为理想。酵母中核酸主要是RNA（占干物质量的3%～10%），DNA则很少（仅占干物质量的0.5%或更低）。酵母菌体容易收集，RNA也易于分离。此外，抽提后的菌体蛋白质（约占干物质量的50%）还具有很高的价值。

RNA提取过程是先使RNA从酵母细胞中释放出来，并使它和蛋白质分离，然后将菌体蛋白质除去，再利用等电点沉淀法（RNA等电点为2.0～2.5）或有机溶剂沉淀法，使RNA沉淀，最后进行离心收集。

　　酵母 RNA 的提取方法有稀碱法和浓盐法。稀碱法利用稀碱溶液使细胞膜和细胞壁溶解，这种方法抽提时间短，但 RNA 在此条件下不稳定，会有不同程度的降解；浓盐法利用高浓度的盐溶液改变细胞膜与细胞壁的通透性，获得的 RNA 分子较完整。提取时应注意温度，避免在 20～70 ℃停留时间太长，因为这是磷酸酯酶作用活跃的温度范围，会使 RNA 因降解而收集不到。利用加热至 90～100 ℃会使蛋白质变性的原理，破坏此类酶，有利于 RNA 的提取。

　　RNA 含有核糖、嘌呤碱、嘧啶碱以及磷酸各组分。加硫酸煮沸使 RNA 制品水解，用水解液检测上述组分的存在，从而鉴定 RNA。

3. 材料、设备与试剂

　　（1）材料　干酵母粉或新鲜酵母、精密 pH 试纸（0.5～5.0）、石蕊试纸。

　　（2）设备　量筒（100 mL）、烧杯（100 mL）、锥形瓶（100 mL）、抽滤瓶（500 mL）、布氏漏斗、表面皿、干燥器、移液管（1 mL、5 mL）、滴管、玻璃棒、试管与试管夹、水浴装置、烘箱、离心机等。

　　（3）试剂

　　① 6 mol/L 盐酸：将浓盐酸（相对密度 1.19）用蒸馏水稀释 1 倍。

　　② 10％硫酸：量取 10 mL 浓硫酸（相对密度 1.84），缓缓倾入 86 mL 蒸馏水中。

　　③ 苔黑酚-三氯化铁试剂：将 100 mg 苔黑酚溶于 100 mL 浓盐酸中，再加入 100 mg $FeCl_3 \cdot 6H_2O$。临用时配制（应为黄色溶液，其中有苔黑酚褐色小颗粒悬浮）。

　　④ 6 mol/L 硝酸：量取 6 mL 浓硝酸（相对密度 1.42），加入 10 mL 蒸馏水中。

　　⑤ 钼酸铵试剂：称取 37.5 g 钼酸铵溶于 250 mL 蒸馏水中，再加入 250 mL 6 mol/L 硝酸。

　　⑥ 其他试剂：10％氯化钠溶液、0.2％氢氧化钠溶液、醋酸、95％乙醇、乙醚、浓氨水、5％硝酸银溶液等。

4. 操作步骤

　　（1）RNA 的提取　RNA 的提取可用浓盐法或稀碱法。

　　浓盐法：称取干酵母粉 5 g 于 100 mL 锥形瓶中，加入 10％氯化钠溶液 50 mL，搅拌均匀，置沸水浴中加热 1 h。自来水冷却后转移到离心管中，于 3 500 r/min 离心 15 min，将上清液倾入 100 mL 烧杯内，置冰水浴中冷却至 10 ℃以下，逐滴加入 6 mol/L 盐酸，边加边搅拌，并用精密 pH 试纸检查 pH。当溶液 pH 调至 2.0～2.5 时，沉淀出现最多，继续静置 10 min 使沉淀完全，然后转移到离心管中，3 500 r/min 离心 10 min。弃去上清液，将离心管底部的沉淀物用 95％乙醇（约 20 mL）充分搅碎洗涤，转移到布氏漏斗中减压抽滤，再用 95％乙醇和乙醚（各约 20 mL）分别淋洗抽干，所得滤渣为白色粉末状，即为粗 RNA 制品。

　　稀碱法：取 25 g 新鲜酵母于 100 mL 烧杯中，加入 0.2％氢氧化钠溶液 40 mL，置沸水浴中加热 30 min 并经常搅拌。自来水冷却后转移到离心管中，以 3 500 r/min 离心 15 min。将上清液倾入 100 mL 烧杯中，加入醋酸数滴，使提取液呈酸性（蓝色石蕊试纸变红），边搅拌边加入 95％乙醇 30 mL，加毕静置 10 min 使沉淀完全，然后转移到离心管中，3 500 r/min 离心 10 min。弃去上清液，将离心管沉淀物用 95％乙醇（约 20 mL）充分搅碎洗涤，并转移到布氏漏斗中减压抽滤，再用 95％乙醇和乙醚（各约 20 mL）分别淋洗抽干，所得的滤渣即为粗 RNA 制品。

将上述制得的 RNA 制品平铺于表面皿（或滤纸）上，风干，称量。

（2）RNA 的鉴定　取约 0.2 g RNA 制品放入试管中，加入 10％硫酸 10 mL 搅匀，在沸水浴中加热 10～20 min，过滤，得水解液。取 3 支试管，按下述方法进行组分的鉴定。

嘌呤碱：取水解液 0.5 mL，加入浓氨水 1 mL，再加入 5％硝酸银溶液 1 mL，观察有无白色絮状嘌呤银化合物出现。

核糖：取水解液 0.5 mL，加入苔黑酚-三氯化铁试剂 1 mL，置沸水浴中加热片刻，注意观察溶液是否变成鲜绿色。

磷酸：取水解液 1 mL，加入钼酸铵试剂 1 mL，观察是否有黄色磷钼酸铵沉淀出现。

二、动物组织中核酸的提取与鉴定

1. 目的　掌握动物组织核酸提取的方法；理解沉淀法在核酸提取中的应用。

2. 原理　核酸和蛋白质是构成生物有机体的主要成分。核酸分为 DNA 和 RNA，DNA 主要存在于细胞核中。在细胞中，DNA 与蛋白质形成脱氧核糖核蛋白，RNA 与蛋白质形成核糖核蛋白。在提取过程中，这两种核蛋白会混在一起，可用三氯醋酸沉淀出核蛋白，再用 95％乙醇加热除去附着在沉淀上的脂类杂质，然后用 10％氯化钠从核蛋白中分离出核酸（钠盐形式），此核酸钠盐加入乙醇可以被沉淀析出。析出的核酸（DNA 与 RNA）均由单核苷酸组成。单核苷酸中含有磷酸、有机碱（嘌呤与嘧啶）和戊糖（核糖、脱氧核糖），核酸用硫酸水解后，即可游离出这三类物质。

用下述方法可分别鉴定出这三类物质：

（1）磷酸　用钼酸铵与之作用可生成磷钼酸，磷钼酸可被还原性抗坏血酸还原，形成蓝色钼蓝。

（2）嘌呤碱　用硝酸银与之反应，生成白色的絮状嘌呤银化合物。

（3）戊糖

① 核糖：用硫酸使之生成糠醛，糠醛与 3，5-二羟甲苯缩合而成为绿色化合物。

② 脱氧核糖：脱氧核糖在硫酸作用下生成 $\beta，\omega$-羟基-γ-酮基戊糖，$\beta，\omega$-羟基-γ-酮基戊糖与二苯胺作用生成蓝色化合物。

3. 材料、设备与试剂

（1）材料　鸡肝或兔肝。

（2）设备　组织捣碎机（或玻璃匀浆器）、移液管、离心机、离心管、玻璃棒、天平、烧杯、带塞长玻璃管、恒温水浴锅、试管、小滴管等。

（3）试剂

① 钼酸铵试剂：称取钼酸铵 2.5 g 溶于 20 mL 蒸馏水中，再加入 5 mol/L 硫酸 30 mL，用蒸馏水稀释至 100 mL。

② 3，5-二羟甲苯溶液：取浓盐酸（相对密度 1.19）100 mL，加入三氯化铁 100 mg 及 3，5-二羟甲苯 100 mg，混合溶解后，置于棕色瓶中保存（临用前配制）。

③ 二苯胺试剂：称取 1 g 二苯胺溶于 100 mL 冰乙酸中，加入 2.75 mL 浓硫酸，摇匀，置于棕色瓶中保存（临用前配制）。

④ 其他试剂：0.9％ NaCl、10％ NaCl、20％三氯醋酸、95％乙醇、5％硫酸、浓氨水、

5％ AgNO₃、10％抗坏血酸等。

4. 操作步骤

（1）匀浆的制备　重击动物头部至其昏迷，剪断其颈部放血，迅速开腹，取出肝，称其质量，加入等量预先冷却的 0.9％ NaCl 溶液，迅速放入组织捣碎机中捣成匀浆。

（2）分离提取

① 取 5 mL 匀浆置于离心管中，立即加入 20％三氯醋酸 5 mL，用玻璃棒搅匀，静置 3 min 后，以 3 000 r/min 离心 10 min。

② 弃上清液，在沉淀中加入 95％乙醇 5 mL，用玻璃棒搅匀，然后用一个带塞长玻璃管塞紧离心管管口，在沸水浴中加热至沸，回流 2 min（注意回流时不要让管内液体溢出），取出，待冷却后，2 500 r/min 离心 10 min。

③ 弃上清液，将离心管倒置在滤纸上，控干液体，然后在沉淀中加入 10％ NaCl 溶液 4 mL，在沸水浴中加热 8 min（用玻璃棒不断搅拌），取出，待冷却后，以 2 500 r/min 离心 10 min。

④ 将上清液倒入另一个干净的离心管中量取体积，然后逐滴加入等体积的、在冰浴中冷却的 95％乙醇，此时可见有白色沉淀逐渐出现，静置 10 min 后，以 3 000 r/min 离心 10 min，即得核酸的白色钠盐沉淀。

（3）核酸的水解　在含有核酸的白色钠盐沉淀中加入 5％硫酸 4 mL，用玻璃棒搅匀，然后用带塞长玻璃管塞紧离心管管口，在沸水浴中回流 15 min。

（4）DNA 与 RNA 成分的鉴定

① 磷酸的鉴定：取 2 支试管，按表 3-3 操作并记录实验现象。

表 3-3　核酸中磷酸的鉴定

试管号	试剂				颜色变化
	水解液	5％硫酸	钼酸铵试剂	10％抗坏血酸	
测定管	10 滴	0	5 滴	20 滴	
对照管	0	10 滴	5 滴	20 滴	

放置数分钟后，观察两管颜色有什么不同？为什么？

② 嘌呤碱的鉴定：取 2 支试管，按表 3-4 操作并记录实验现象。

表 3-4　核酸中嘌呤碱的鉴定

试管号	试剂				颜色变化
	水解液	5％硫酸	浓氨水	5％ AgNO₃	
测定管	20 滴	0	6 滴	10 滴	
对照管	0	20 滴	6 滴	10 滴	

加入 AgNO₃ 后，观察两管颜色有什么变化？静置 15 min 后，再比较两管中沉淀颜色有什么不同？为什么？

③ 核糖的鉴定：取 2 支试管，按表 3-5 操作并记录实验现象。

表 3-5　核酸中核糖的鉴定

试管号	试剂			颜色变化
	水解液	5％硫酸	3,5-二羟甲苯试剂	
测定管	4 滴	0	6 滴	
对照管	0	4 滴	6 滴	

将两支试管同时放入沸水浴中加热 10 min，比较两管的颜色有什么不同？为什么？

④ 脱氧核糖的鉴定：取 2 支试管，按表 3-6 操作并记录实验现象。

表 3-6　核酸中脱氧核糖的鉴定

试管号	试剂			颜色变化
	水解液	5％硫酸	二苯胺试剂	
测定管	20 滴	0	40 滴	
对照管	0	20 滴	40 滴	

将两支试管同时放入沸水浴中加热 10 min，比较两管的颜色有什么不同？为什么？

5. 注意事项

① 尽量简化操作步骤，缩短提取过程，以减少各种不利因素对核酸的破坏。

② 核酸在剧烈的化学因素、物理因素或酶的作用下很容易降解，因此制备核酸时的操作条件要求低温，避免过酸、过碱或机械剪切力对核酸链中磷酸二酯键的破坏。

③ 为防止细胞内外各种核酸酶对核酸的生物降解，提取过程中除保持低温外，必要时可加入抑制剂（如柠檬酸盐、氟化物、砷酸盐、EDTA 等）抑制 DNA 酶的活性。

④ 沉淀 DNA 通常使用冰乙醇，也可用异丙醇。异丙醇使沉淀完全，速度快，但常把盐沉淀下来。

三、质粒 DNA 的提取、酶切与鉴定

1. 目的　掌握质粒 DNA 提取、酶切与鉴定的原理和操作方法。

2. 原理

（1）质粒 DNA 的提取　分离质粒 DNA 的方法包括三个基本步骤：培养细菌使质粒扩增、收集和裂解细菌、分离和纯化质粒 DNA。

采用碱变性法抽提质粒 DNA，是基于染色体 DNA 与质粒 DNA 的变性与复性的差异而达到分离目的。在 pH 高达 12.6 的碱性条件下，染色体 DNA 的氢键断裂，双螺旋结构解开而变性。质粒 DNA 的大部分氢键也断裂，但超螺旋共价闭合环状的两条互补链不会完全分离。当以 pH 4.8 的醋酸钾高盐缓冲液去调节其 pH 至中性时，变性的质粒 DNA 又恢复原来的构型，保存在溶液中，染色体 DNA 不能复性而形成缠绕的网状结构，通过离心，染色体 DNA 与不稳定的大分子 RNA、蛋白质-十二烷基硫酸钠（SDS）复合物等一起沉淀下来而被除去。

（2）酶切与鉴定　限制性核酸内切酶（也可称为限制性内切酶）是在细菌对噬菌体的限制和修饰现象中发现的。细菌内同时存在一对酶，分别为限制性内切酶（限制作用）和 DNA 甲基化酶（修饰作用）。它们对 DNA 底物有相同的识别顺序，但生物功能却相反。

Ⅱ型限制性内切酶，具有能够识别双链 DNA 分子上的特异核苷酸顺序的能力，能在这个特异性核苷酸序列内，切断 DNA 的双链，形成一定长度和顺序的 DNA 片段。限制性内切酶对环状质粒 DNA 有多少切口，就能产生多少个酶解片段，因此鉴定酶切后的片段在电泳凝胶中的区带数，就可以推断酶切口的数目，从片段的迁移率可以大致判断酶切片段大小的差别。用已知相对分子质量的线状 DNA 为对照，通过电泳迁移率的比较，可以粗略地测出分子形状相同的未知 DNA 的相对分子质量。

3. 材料、设备与试剂

（1）材料　带有质粒 pUC19 的大肠杆菌。

（2）设备　台式高速离心机、1.5 mL 塑料离心管、离心管架、微量移液器、常用玻璃器皿、电泳仪、电泳槽、样品梳、锥形瓶（100 mL 或 50 mL）、紫外灯、一次性塑料手套、凝胶成像系统等。

（3）试剂

① 溶液Ⅰ：含 50 mmol/L 葡萄糖、10 mmol/L EDTA、25 mmol/L pH 8.0 Tris‑HCl，用前加溶菌酶 4 mg/mL。

② 溶液Ⅱ：含 200 mmol/L NaOH、1% SDS。

③ 溶液Ⅲ：pH 4.8 醋酸钾缓冲液（60 mL 5 mol/L 醋酸钾、11.5 mL 冰醋酸、28.5 mL 蒸馏水）。

④ 含 RNase A 的 TE 缓冲液：TE 缓冲液含 20 μg/mL RNase A。

⑤ 苯酚-氯仿-异戊醇（25+24+1，体积比）：苯酚为 Tris 饱和酚（pH 8.0）。

⑥ 限制性内切酶 EcoRⅠ 和 HindⅢ。

⑦ 酶促反应缓冲液（10×）：含 660 mmol/L Tris‑乙酸（pH 7.9，37 ℃）、200 mmol/L MgAc$_2$、132 mmol/L KAc、2 mg/mL BSA（牛血清白蛋白）。

⑧ 50×TAE 电泳缓冲液：称取 242 g Tris，加入 57.1 mL 冰乙酸、100 mL 0.5 mol/L EDTA，使其溶解，调节 pH 至 8.0，加蒸馏水至 1 000 mL。

⑨ 6×凝胶上样缓冲液：含 0.05% 溴酚蓝、0.05% 二甲苯青、30 mmol/L EDTA、36% 甘油、双蒸水。

⑩ 其他试剂：pH 8.0 TE 缓冲液、LB 溶液（1×）、100 μg/mL 氨苄青霉素、无水乙醇、70% 乙醇、RNase A、5mol/L NaCl、琼脂等。

4. 操作步骤

① 培养细菌：将带有质粒 pUC19 的大肠杆菌接种于 5 mL 含 100 μg/mL 氨苄青霉素的 1×LB 中，37 ℃培养过夜。

② 取培养菌液 1.5 mL 置于塑料离心管中，10 000 r/min 离心 1 min，弃掉上清液。加入 150 μL 溶液Ⅰ，充分混匀，在室温下放置 10 min。

③ 加入 200 μL 新配制的溶液Ⅱ，加盖后温和颠倒 5～10 次，使之混匀，冰上放置 2 min。

④ 加入 150 μL 冰冷的溶液Ⅲ，加盖后温和颠倒 5～10 次，使之混匀，冰上放置 10 min。

⑤ 用台式高速离心机 10 000 r/min 离心 5 min 后，将上清液移入干净的离心管中。

⑥ 向上清液中加入等体积的苯酚-氯仿-异戊醇（25+24+1，体积比），振荡混匀，

10 000 r/min 离心 2 min，将上清液转移至新的离心管中。

⑦ 向上清液加 5 mol/L NaCl 至终浓度为 0.3 mol/L，混匀，再加入 2 倍体积的无水乙醇，混匀，室温放置 2 min，10 000 r/min 离心 5 min，倒去上清乙醇溶液，把离心管倒扣在吸水纸上，吸干液体。

⑧ 加入 0.5 mL 70％乙醇，振荡并 10 000 r/min 离心 2 min，倒去上清液，真空抽干或室温自然干燥。

⑨ 加入 50 μL 含 20 μg/mL RNase A 的 TE 缓冲液溶解提取物，室温放置 30 min 以上，使 DNA 充分溶解待用或置于－20 ℃保存备用。

⑩ 质粒 DNA 的酶解：将刚刚纯化并经自然干燥的 pUC19 质粒加 30 μL TE 缓冲液，使 DNA 完全溶解。在清洁、干燥、灭菌的塑料离心管中按顺序加入以下试剂：酶促反应缓冲液(10×)1 μL、pUC19 10 μL、*Eco*R Ⅰ 1 μL、*Hind* Ⅲ 1 μL、蒸馏水 6 μL。加样后，小心混匀，置于 37 ℃水浴中，酶解 2～3 h，然后 65 ℃加热 15 min 以终止反应。

⑪ 琼脂糖凝胶电泳：称取 1 g 琼脂糖，置于锥形瓶中，加入 100 mL 1×TAE，加热熔解，待其冷却至 65 ℃左右，小心地将其倒在有机玻璃内槽上。室温下静置 30～60 min，待凝固完全后，轻轻拔出样品梳，在胶板上即形成相互隔开的样品槽。用微量移液器将上述样品分别加入胶板的样品槽内。加完样品后的凝胶立即通电，进行电泳。样品进胶前，应使电流控制在 10 mA，样品进胶后电流为 20 mA 左右。当溴酚蓝染料移动到距离板下沿约 2 cm 处时，停止电泳。在波长为 245 nm 的紫外光下，观察染色后的凝胶。DNA 存在处应显示出清晰的橙红色荧光条带，用凝胶成像系统拍摄。

四、蛋白质的两性性质及等电点的测定

1. 目的　掌握蛋白质等电点测定的原理及方法；理解蛋白质的两性性质。

2. 原理　蛋白质是两性电解质。蛋白质分子中可以解离的基团除 N 端 α-氨基与 C 端 α-羧基外，还有肽链上某些氨基酸残基的侧链基团，如酚羟基、巯基、胍基、咪唑基等基团，它们都能解离为带电基团。因此，在蛋白质溶液中存在着下列平衡：

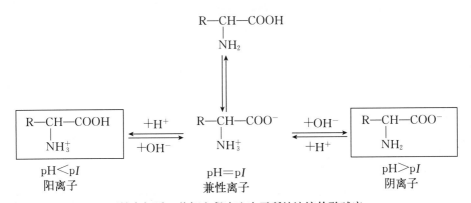

两性电解质，其解离程度取决于所处溶液的酸碱度

调节溶液的 pH 使蛋白质分子的酸性解离与碱性解离相等，即所带正负电荷相等，净电荷为零，此时溶液的 pH 称为蛋白质的等电点（pI）。在等电点时，蛋白质溶解度最小，溶液的混浊度最大，配制不同 pH 的缓冲液，观察蛋白质在这些缓冲液中的溶解情况，即可确

定蛋白质的等电点。

3. 材料、设备与试剂

（1）材料 0.5%酪蛋白：称取酪蛋白（干酪素）0.25 g 放入 50 mL 容量瓶中，加入约 20 mL 蒸馏水，再准确加入 1 mol/L NaOH 5 mL，当酪蛋白溶解后，准确加入 1 mol/L 乙酸 5 mL，最后加蒸馏水稀释定容至 50 mL，充分摇匀。

（2）设备 试管架、试管（15 mL）、刻度吸管（1 mL、2 mL、10 mL）、胶头滴管等。

（3）试剂

① 1 mol/L 乙酸：吸取 99.5%乙酸（相对密度 1.05）2.875 mL，加蒸馏水至 50 mL。

② 0.1 mol/L 乙酸：吸取 1 mol/L 乙酸 5 mL，加蒸馏水至 50 mL。

③ 0.01 mol/L 乙酸：吸取 0.1 mol/L 乙酸 5 mL，加蒸馏水至 50 mL。

④ 0.2 mol/L NaOH：称取 NaOH 2.0 g，加蒸馏水至 50 mL，配成 1 mol/L NaOH。然后量取 1 mol/L NaOH 10 mL，加蒸馏水至 50 mL，配成 0.2 mol/L NaOH。

⑤ 0.2 mol/L 盐酸：吸取 37.2%盐酸（相对密度 1.19）4.17 mL，加蒸馏水至 50 mL，配成 1 mol/L 盐酸。然后吸取 1 mol/L 盐酸 10 mL，加蒸馏水至 50 mL，配成 0.2 mol/L 盐酸。

⑥ 0.01%溴甲酚绿指示剂：称取溴甲酚绿 0.005 g，加 0.29 mL 1 mol/L NaOH，然后加蒸馏水至 50 mL［酸碱指示剂，pH 变色范围 3.8（黄色）～5.4（蓝色）］。

4. 操作步骤

（1）酪蛋白的两性反应

① 取一支试管，加 0.5%酪蛋白 1 mL，再加溴甲酚绿指示剂 4 滴，摇匀。此时溶液呈蓝色，无沉淀形成。

② 用胶头滴管慢慢加入 0.2 mol/L 盐酸，边加边摇动，直到有大量的沉淀生成。此时溶液 pH 接近酪蛋白的等电点。观察溶液颜色的变化。

③ 继续滴加 0.2 mol/L 盐酸，沉淀会逐渐减少以至消失。观察此时溶液的颜色变化。

④ 滴加 0.2 mol/L NaOH 进行中和，沉淀又出现。继续滴加，沉淀又逐渐消失。观察此时溶液的颜色变化。

（2）酪蛋白等电点的测定 取同样规格的试管 7 支，按表 3-7 精确地加入下列试剂。

表 3-7 不同 pH 乙酸溶液的配制

试剂	试管号						
	1	2	3	4	5	6	7
1 mol/L 乙酸/mL	1.6	0.8	0	0	0	0	0
0.1 mol/L 乙酸/mL	0	0	4.0	1.0	0	0	0
0.01 mol/L 乙酸/mL	0	0	0	0	2.5	1.25	0.62
蒸馏水/mL	2.4	3.2	0	3.0	1.5	2.75	3.38
溶液的 pH	3.5	3.8	4.1	4.7	5.3	5.6	5.9

充分摇匀，然后向以上各试管依次加入 0.5%酪蛋白 1 mL，边加边摇动，摇匀后静置 5 min，观察各管的混浊度。用－、＋、＋＋、＋＋＋等符号表示各管的混浊度（弱→强）。根据混浊度判断酪蛋白的等电点。最混浊的一管的 pH 即为酪蛋白的等电点。

第四章 电泳技术

电泳就是带电颗粒在电场的作用下,向着与其电性相反的电极移动的现象。这种现象在1808年就被发现了,但作为一项生物化学的研究技术,电泳是在1937年以后,随着电泳仪器等装置的改进才有了较大进步。在用滤纸作为支持物的纸电泳法建立之后,电泳才真正地在生物化学和其他领域的研究中得到了广泛应用。20世纪60年代以来,由于采用了新型支持物和先进仪器设备,电泳技术作为一项有效的分析、分离、制备和鉴定技术发展很快,应用范围很广,从分离分析有机分子到复杂的生物大分子化合物,尤其对生物大分子具有较高的灵敏度和分辨率。目前,电泳技术已成为生物化学和分子生物学等领域的研究工作中不可缺少的技术之一。

第一节 概 述

一、泳动度

不同带电颗粒在同一电场中泳动的速度是不同的,通常用泳动度(或称迁移率,mobility)来表示。泳动度是指带电颗粒在单位电场强度下的泳动速度。泳动度首先取决于带电颗粒的性质,即颗粒所带净电荷的量、颗粒的大小及形状。一般来说,颗粒所带净电荷越多,颗粒越小,形状越接近于球形,在电场中的泳动速度越快;反之,则越慢。泳动度除受带电颗粒本身性质的影响外,还受其他外界因素的影响。

二、影响泳动度的外界因素

1. 电场强度 电场强度也称电势梯度或电位梯度,以每厘米的电势差表示。如纸电泳的滤纸长度为15 cm,两端电压(电势差)为150 V,则电场强度为150 V/15 cm=10 V/cm。泳动速度和电场强度成正比关系,即电场强度越高,带电粒子的移动速度越快。根据电场强度的大小,可把电泳分为常压(或普通)电泳(2~10 V/cm)和高压电泳(70~200 V/cm)。

需要注意的是,随着电场强度的增高,电流强度也随之增加,产热也增多。产热的不良后果有:①引起水分的大量蒸发,改变溶液pH及离子强度;②引起介质温度升高,可能会使蛋白质变性。因此电泳必须把电压控制在一定范围之内,当进行高压电泳时,必须装备有效的冷却装置。

2. 电泳介质的pH 对于蛋白质和氨基酸等两性分子,电泳介质的pH会直接影响其电离情况,即可决定蛋白质或氨基酸所带的净电荷量(q)。电泳介质的pH小于两性分子的等电点时,分子带正电荷,向负极泳动;电泳介质的pH大于两性分子的等电点时,分子带负电荷,向正极泳动。pH偏离等电点越远,分子所带净电荷越多,其泳动速度越快。当电泳介质的pH等于其等电点时,分子处于等电状态,不移动。因此,当分离某一蛋白质或氨基酸的混合物时,应选择一个合适的pH,使各种蛋白质或氨基酸所带净电荷的量差异较大,以利于分离。同时，为了使电泳过程中电泳介质的 pH 恒定，必须采用缓冲液。一般应选择一个合适的 pH，使待分离的各颗粒所带的电荷数量有较大的差异，这样更有利于彼此分开。例如血清蛋白的等电点多在 4～6，因此，分离血清蛋白时，常用 pH 8.6 的巴比妥缓冲液或三羟甲基氨基甲烷（Tris）缓冲液。

3. 电泳介质的离子强度　电泳介质的离子强度低，泳动速度快，但分离区带易模糊，且缓冲液的缓冲量小，不易维持 pH 的恒定；电泳介质的离子强度过高，则可降低泳动速度，其原因是带电颗粒能把溶液中与其电荷相反的离子吸引在其周围，形成离子扩散层，且扩散层与颗粒移动方向相反，从而导致颗粒泳动度降低。所以常用溶液的离子强度为 0.02～0.2。

4. 电渗现象　在电场中，由于多孔支持物吸附溶液中的离子使支持物表面相对带电，在电场作用下，溶液就会向一定方向移动，这种现象称为电渗。电泳时，带电颗粒移动的表现速度（即净速度）是颗粒移动速度和溶液移动速度而产生的电渗速度之和。如纸电泳所用的滤纸纤维素带有负电荷，琼脂糖电泳中所用的琼脂糖由于大量硫酸根的存在也带有负电荷，可吸附溶液中的正离子（如 H^+），溶液层在外电场的作用下向负极移动。如果被测定样品也带正电荷，则移动加快；如果被测定样品带负电荷，则移动减慢。因此，在选用支持物时，应尽量避免高电渗作用的物质。

5. 筛孔　琼脂糖凝胶和聚丙烯酰胺凝胶介质都有孔径大小不等的筛孔。在筛孔大的凝胶中，溶质颗粒泳动速度快；反之，溶质颗粒泳动速度慢。因此，不同的样品物质，应选择与之相适应的凝胶筛孔。

三、电泳技术的分类

根据分离原理，电泳技术可分为移动界面电泳、区带电泳、等速电泳和等电聚焦电泳四种。

1. 移动界面电泳　移动界面电泳又称自由电泳，是指不使用支持物，直接在介质溶液中进行的电泳。在移动界面电泳中，先将需被分离的混合物置于电泳槽的一端（如负极）。在电泳开始前，样品与介质溶液有着清晰的界面。电泳开始后，带电颗粒向另一极（如正极）移动。一定时间后，混合物的不同组成成分将分布在相对应的运动区域内，其中泳动速度最快的离子分布在最前面，其他带电颗粒依照泳动速度快慢顺序排列，形成不同区带。一般的，只有最前面的区带界面是较为清晰的，可达到完全分离，其他区带都有一个部分重叠的区域。该法主要用于蛋白质等生物大分子的研究。虽然移动界面电泳有过快速发展，但由于其设备复杂、操作时间过长、不能完全分离混合物等一些不可克服的缺点，已逐渐被区带电泳所替代。

2. 区带电泳　区带电泳是指将混合物样品加载在某种固体支持物上（一般将混合物加载在支持物的中部位置），然后置于均一的介质溶液中，在电场作用下，混合物中带正电荷或负电荷的离子分别向负极或正极以不同的速度移动，最终分离成一个个彼此隔开的区带。因此，区带电泳又称为支持物电泳。

区带电泳按支持物的物理性状不同，可分为以下几种类型：

① 纸电泳：以滤纸、醋酸纤维素薄膜等为支持物。

② 粉末电泳：以纤维素粉、淀粉、玻璃粉等为支持物。

③ 凝胶电泳：以琼脂、琼脂糖、硅胶、淀粉胶、聚丙烯酰胺凝胶等为支持物。

④ 线丝电泳：以尼龙丝、人造丝等为支持物。

区带电泳按支持物的装置形式不同，又可分为以下几种类型：

① 平板式电泳：支持物水平放置，是最常见的电泳方式。

② 垂直板电泳：聚丙烯酰胺凝胶可做成垂直板式电泳。

③ 柱状（管状）电泳：将聚丙烯酰胺凝胶等灌入适当的电泳管中做成柱状电泳。

区带电泳在目前的科研、医疗及生产实践中应用最为广泛，尤其是凝胶电泳。其中，聚丙烯酰胺凝胶电泳（polyacrylamide gel electrophoresis，PAGE）普遍用于分离蛋白质及较小分子的核酸；琼脂糖凝胶电泳由于其孔径较大，对一般蛋白质不起分子筛作用，广泛应用于核酸与核蛋白、同工酶以及免疫复合物等物质的分离、鉴定及纯化。

3. 等速电泳　等速电泳是指在电泳过程中使用"领先离子"（其泳动度比所有被分离离子都大）和"终末离子"（其泳动度比所有被分离离子都小），先将混合物样品加载在"领先离子"和"终末离子"之间，然后在外电场作用下，各带电颗粒进行移动，经过一段时间泳动后，达到完全分离。被分离的各颗粒的区带按泳动度大小依序排列在"领先离子"与"终末离子"的区带之间。由于没有加入适当的电解质来载带电流，故得到的区带是相互连接的，且因"自身校正"效应，界面是清晰的，这是等速电泳与区带电泳的不同之处。

4. 等电聚焦电泳　等电聚焦电泳（isoelectric focusing，IEF）是 20 世纪 60 年代中期问世的一种利用有 pH 梯度的介质分离等电点不同的蛋白质的电泳技术。等电聚焦电泳是将混合物样品（两性电离物质）加入盛有 pH 梯度缓冲液的电泳槽中，当样品处在低于其本身等电点的环境中时，样品颗粒带正电荷，向负极移动；当样品处在高于其本身等电点的环境中时，样品颗粒带负电，向正极移动。当带电颗粒泳动到与其自身等电点相同的 pH 位点时，其净电荷为零，泳动速度下降到零，此时带电颗粒将在此 pH 位点上聚集。这样，具有不同等电点的物质最后均聚焦在各自的等电点位置上，形成一个个清晰的区带。等电聚焦电泳分辨率极高，可达 0.01 pH 单位，因此特别适合于分离分子质量相近但等电点不同的蛋白质混合物。

四、电泳技术相关仪器

（一）电泳仪电源

要使蛋白质、核酸等带电荷的生物大分子在电场中泳动，必须外加电场，且电泳的分辨率和电泳速度与电泳时的电参数密切相关。不同的电泳技术需要不同的电压、电流和功率范围，所以选择电源主要根据电泳技术的需要。例如，PAGE 和十二烷基硫酸钠-聚丙烯酰胺凝胶电泳（SDS-PAGE）需要 $100\sim300$ V 电压；等电聚焦电泳需要较高的电压，载体两性电解质等电聚焦电泳需要 $1\,000\sim2\,000$ V 电压，而固相 pH 梯度等电聚焦电泳则需要 $3\,000\sim10\,000$ V 电压；电泳转移相对需要低电压、高电流（几百毫安至几十安）。

（二）电泳槽

电泳槽是电泳系统的核心组成部分。根据电泳的原理，电泳支持物都是放在两个缓冲液之间，电场通过电泳支持物连接两个缓冲液，不同电泳采用不同的电泳槽，常用的电泳槽有以下几种。

1. 圆盘电泳槽　圆盘电泳槽有上、下两个电泳槽和带有铂金电极的盖。上槽中具有若干孔，孔不用时，用硅橡皮塞塞住。要用的孔配以可插电泳管（玻璃管）的硅橡皮塞。电泳管的内径早期为 5～7 mm，为保证冷却和微量化，现在越来越细。

2. 垂直板电泳槽 垂直板电泳槽的基本原理和结构与圆盘电泳槽的基本相同，差别只在于制胶和电泳不在电泳管中，而是在两块垂直放置的平行玻璃板中间。

3. 水平电泳槽 水平电泳槽的形状各异，但结构大致相同，一般包括电泳槽基座、冷却板和电极。

第二节　常用电泳技术

电泳技术种类繁多，不同技术均有各自的优缺点，应用范围也不尽相同。下面重点介绍几种实验室常用的电泳技术。

一、纸电泳和醋酸纤维素薄膜电泳

纸电泳是以滤纸作为支持物的一种电泳方法。一般的，纸电泳先将样品点在用缓冲液浸湿的滤纸上，再将滤纸放置在电泳槽的支架上，滤纸的两端浸在缓冲溶液里。接通电源后，纸的两端就有一定的电压，驱使带电颗粒在纸上移动。不同带电颗粒由于所带净电荷量、分子质量及分子形状都不相同，在电场中的泳动速度不同，最终会在滤纸上形成不同的区带，从而达到分离混合物的目的。

电泳还可以醋酸纤维素薄膜作为支持物，这种电泳称为醋酸纤维素薄膜电泳，它的操作与纸电泳有相似的地方，但分辨率比纸电泳高。醋酸纤维素薄膜由二乙酸纤维素制成，它具有均一的泡沫样结构，厚度仅 120 μm，渗透性强，对分子移动无阻力，作为电泳的支持物进行蛋白质电泳有简便、快速、样品用量少、应用范围广、分离清晰、无吸附现象等优点。目前醋酸纤维素薄膜电泳广泛应用于血清蛋白、脂蛋白、血红蛋白、糖蛋白和同工酶的分离及免疫电泳中。

二、聚丙烯酰胺凝胶电泳

聚丙烯酰胺凝胶电泳是以聚丙烯酰胺凝胶作为支持物的一种电泳形式。聚丙烯酰胺凝胶是由丙烯酰胺（acrylamide，Acr）单体和少量交联剂——甲叉双丙烯酰胺（N，N′-methylene bisacrylamide，Bis）在不同引发剂和催化剂作用下，发生化学聚合或光聚合作用，形成的三维空间的高聚物。聚丙烯酰胺凝胶的机械性能好，具有网状结构，有弹性，透明，化学性质相对稳定，在很多溶剂中不溶，是非离子型的，且没有吸附和电渗作用，分离效果好。通过改变制胶原料的浓度和交联度，可控制凝胶孔径在一个比较广泛的范围内变动。由于聚丙烯酰胺凝胶纯度高，具有不溶性，它还适用于少量样品的制备，不污染样品。

（一）聚丙烯酰胺凝胶的聚合原理

根据丙烯酰胺聚合方式的原理不同，可将其分为化学聚合和光聚合。

1. 化学聚合 化学聚合过程中的引发剂是过硫酸铵（ammonium persulfate，AP），催化剂是 N，N，N′，N′-四甲基乙二胺（N、N、N′、N′- tetramethyl ethylenediamine，TEMED），它催化 AP 产生氧自由基，激活 Acr 单体形成自由基，在交联剂 Bis 存在下发生聚合。化学聚合形成的凝胶孔径较小，常用于制备电泳过程中的分离胶，且重复性好。

2. 光聚合 光聚合过程中的催化剂是核黄素，在痕量氧的存在下，核黄素光解形成无色基。无色基再被氧氧化成自由基，激活单体发生聚合。光聚合形成的凝胶孔径较大，且不稳定，适于制备大孔径的浓缩胶。

（二）丙烯酰胺和甲叉双丙烯酰胺量的确定

聚丙烯酰胺凝胶的孔径大小是由丙烯酰胺和甲叉双丙烯酰胺在凝胶中的总浓度（T），以及甲叉双丙烯酰胺占总浓度的百分含量（C），即交联度决定的。凝胶浓度和交联度的计算公式如下：

$$T = \frac{a+b}{V} \times 100\%$$

$$C = \frac{b}{a+b} \times 100\%$$

式中：T——凝胶总浓度；

C——Bis 占凝胶浓度的百分含量；

a——Acr 质量，g；

b——Bis 质量，g；

V——溶液体积，mL。

通常，随着凝胶浓度的增加，凝胶的筛孔、透明度和弹性将会降低，而机械强度却增加。a 与 b 的比值也会对这些性质产生明显影响。当 $a/b < 10$ 时，凝胶脆而易碎，坚硬呈乳白色；$a/b > 100$ 时，即使 5% 的凝胶也呈糊状，易于断裂。

当总浓度一定时，交联度增加将导致筛孔直径降低。1965 年，Richard 等提出了适合于确定凝胶浓度在 5%～20% 时交联度的经验公式。

$$C = 6.5\% - 0.3T$$

按照公式，如选用总浓度 T 分别为 5% 和 10% 时，交联度 C 应分别为 5% 和 3.5%。

Fawcett 则提出了另外一种看法：当凝胶总浓度不变，交联度为 5% 时筛孔直径最小；大于或小于此交联度时，筛孔直径均变大。因此，目前有些实验室采用交联度为 5% 的配方，即 $a/b = 19$。

综上所述，C 可由 T 确定，或者取固定值（5%）。而 T 则根据待分离物质的分子质量大小来确定。常用于分离血清蛋白的标准凝胶浓度为 7.5%，这一浓度的凝胶也适用于分离大多数蛋白质。当分析一个未知样品时，常常先用 7.5% 的标准凝胶或用 4%～10% 的凝胶梯度来试测，而后选出适宜的凝胶浓度。当分离蛋白质或核酸的分子质量已知时，选择凝胶的浓度可参考表 4-1 和表 4-2。

表 4-1　凝胶总浓度和蛋白质分离物分子质量之间的关系

凝胶总浓度/%（$C=2.6\%$ 时）	分离物分子质量范围/ku	凝胶总浓度/%（$C=5\%$ 时）	分离物分子质量范围/ku
5	30～200	5	60～700
10	15～100	10	22～280
15	10～50	15	10～200
20	2～15	20	5～150

表 4-2 凝胶总浓度和 DNA 分离物分子质量之间的关系

凝胶总浓度/% (C=3.3%时)	分离 DNA 有效范围/bp		凝胶总浓度/% (C=3.3%时)	分离 DNA 有效范围/bp
	双链	单链		双链
3.5	1 000~2 000	750~2 000	12.0	40~200
5.0	80~500	200~1 000	15.0	25~150
8.0	64~400	50~400	20.0	6~100

（三）聚丙烯酰胺凝胶电泳的分离原理

聚丙烯酰胺凝胶电泳有两种系统，即只有分离胶的连续系统和有浓缩胶与分离胶的不连续系统。目前，国内外实验室大多采用的是不连续系统，其中，不连续系统中最典型、最广泛使用的是著名的 Ornstein-Davis 高 pH 碱性不连续系统。此系统中浓缩胶的丙烯酰胺浓度为 4%，pH 6.8；分离胶的丙烯酰胺浓度为 12.5%，pH 8.9；电极缓冲液的 pH 为 8.3。一般用 Tris、SDS、甘氨酸和 HCl 等配制不同需求的缓冲液。

不连续系统的不连续性表现在以下几个方面：①凝胶板由上、下两层胶组成。两层凝胶的孔径不同，上层为大孔径的浓缩胶，下层为小孔径的分离胶。②缓冲液离子组成及各层凝胶缓冲液的 pH 不同。如利用聚丙烯酰胺凝胶电泳分离过氧化物酶同工酶的实验采用碱性系统，其电极缓冲液为 pH 8.3 的 Tris-甘氨酸缓冲液，浓缩胶为 pH 6.7 的 Tris-HCl 缓冲液，分离胶为 pH 8.9 的 Tris-HCl 缓冲液。③在电场中形成不连续的电位梯度。

在不连续系统中进行电泳时，存在三种物理效应，即浓缩效应、电荷效应和分子筛效应。在这三种效应的共同作用下，待分离混合物能被很好地分离开来。

1. 浓缩效应　浓缩效应可显著提高聚丙烯酰胺凝胶电泳的分辨率，该效应可通过引入浓缩胶和不连续缓冲液系统而获得。待分离混合物中的各组分在浓缩胶中会被压缩成层，而使原来浓度很低的样品得到高度浓缩。其原理如下：

① 聚丙烯酰胺凝胶电泳的两层凝胶的孔径不同，因此，相同蛋白质分子在两层胶内的移动速度不同。浓缩胶是由较低浓度的丙烯酰胺构成，当样品经过浓缩胶时，由于胶内网孔相对较大，样品移动速度较快。当样品蛋白质分子继续向下移动来到分离胶界面时，由于分离胶网孔较小，此时移动阻力突然加大，移动速度变慢，使得在该界面处的待分离样品蛋白质区带变窄，浓度升高，最终使样品"堆积"在浓缩胶和分离胶之间。

② 虽然浓缩胶和分离胶用的都是 Tris-HCl 缓冲液，但上层浓缩胶的 pH 为 6.7，下层分离胶的 pH 为 8.9。HCl 是强电解质，不管在哪层胶中，HCl 几乎都全部电离，Cl⁻ 布满整个胶板。待分离的蛋白质样品加载在样品槽内，浸在 pH 8.3 的 Tris-甘氨酸缓冲液中。电泳一开始，有效泳动度最大的 Cl⁻ 迅速跑到最前边，成为快离子（前导离子）。在浓缩胶 pH 6.7 条件下，甘氨酸（pI=6.0）的解离度仅有 0.1%~1%，有效泳动度最低，跑在最后边，成为慢离子（尾随离子）。这样，在快离子和慢离子之间就形成了一个不断移动的界面。而此时，带有负电荷的蛋白颗粒，其有效泳动度介于快慢离子之间，被夹持分布于界面附近，逐渐形成一个区带。

由于快离子快速向前移动，在其原来停留的区域就形成了低离子浓度区，即低电导区。由于电位梯度 V、电流 I 和电导率 S 之间有如下关系：$V=I/S$，故在电流恒定条件下，低电导区两侧就产生了较高的电位梯度。这种在电泳开始后产生的高电位梯度作用于蛋白颗粒和甘氨酸慢离子，使之加速前进，追赶快离子。本来夹在快慢离子之间的蛋白颗粒区带，在这个追赶过程中被逐渐地压缩聚集成一条更为狭窄的区带，这就是所谓的浓缩效应。

当蛋白颗粒和慢离子都进入分离胶后，pH 从 6.7 变为 8.9，甘氨酸解离度剧增，有效泳动度迅速加大，从而赶上并超过所有蛋白颗粒。此时，快慢离子的界面跑到被分离的蛋白颗粒之前，不连续的高电位梯度不再存在。于是，此后的电泳过程中，蛋白颗粒在一个均一的电位梯度和 pH 条件下，仅按电荷效应和分子筛效应而被分离。与连续系统相比，不连续系统的分辨率大大提高，因此成为目前广泛使用的生物化学研究中分离及分析手段。

2. 电荷效应 当蛋白质样品进入 pH 8.9 的分离胶后，各成分所带净电荷量不同，泳动度不同。净电荷多则迁移快；反之，则迁移慢。

3. 分子筛效应 不同蛋白质分子的形状和大小均不相同，蛋白质在电泳过程中所受到的阻力主要取决于自身大小、形状与凝胶网孔大小之间的关系。蛋白质分子质量越小、形状为球形或凝胶网孔越大，被分离样品在泳动过程中所受的阻力就越小，则在电场中的移动越快；反之，蛋白质分子质量越大、形状不规则或凝胶网孔越小，电泳过程中受到的阻力越大，移动越慢。

三、SDS - PAGE

十二烷基硫酸钠（SDS）是阴离子去污剂，它能断裂蛋白质分子内和分子间的氢键，破坏其二、三级结构，使蛋白质分子去折叠。而强还原剂（如巯基乙醇、二硫苏糖醇）能使半胱氨酸残基间的二硫键断裂。在样品和凝胶中加入 SDS 和强还原剂后，蛋白质分子被解聚成多肽链，解聚后的氨基酸侧链和 SDS 结合形成 SDS-蛋白质复合物，其所带的负电荷大大超过了蛋白质原有的带电量，这样就消除了不同蛋白质分子间的电荷差异和形状差异。解聚后的蛋白质分子进行聚丙烯酰胺凝胶电泳时，其泳动度主要取决于它的分子质量，而与其所带电荷和形状无关。当蛋白质亚基的分子质量为 15～200 ku 时，电泳泳动度与分子质量的对数呈线性关系。若用已知分子质量的一组蛋白质绘制标准曲线，在同样条件下检测未知样品，就可从标准曲线推算出未知样品的分子质量。

$$\lg M_r = -bx + k$$

式中：M_r——蛋白质的相对分子质量；

$\quad\quad x$——电泳泳动度；

$\quad\quad k$、b——常数。

采用 SDS - PAGE 测定蛋白质的相对分子质量，具有简便、快速、重复性好、用样量少（微克级）的优点，且不需要昂贵的仪器设备。在 15 000～200 000 的相对分子质量范围内，该法测得的结果与用其他方法测得的结果相比，误差一般不超过 10%。要注意的是，对于寡聚蛋白来说，在 SDS 和巯基乙醇作用下解离成各个亚基，SDS - PAGE 测得的只是各个亚基的相对分子质量，而不是完整蛋白质的相对分子质量。为了正确反映其完整的分子结构，还必须用其他方法测定其分子质量及分子中多肽链的数目。

应根据待测物质的相对分子质量范围选择最适浓度的凝胶，5% 凝胶适合分离相对分子质量为 25 000～200 000 的蛋白质分子，10% 凝胶适合分离相对分子质量为 10 000～70 000 的蛋白质分子，15% 凝胶适合分离相对分子质量为 10 000～50 000 的蛋白质分子。目前，有低、中、高分子质量标准蛋白质可供选择，每种标准蛋白质含有数种相对分子质量不同的蛋白质，不同蛋白质分子的相对迁移率在 0.2～0.8 均匀分布。

四、琼脂糖凝胶电泳

琼脂是由琼脂糖和琼脂胶组成的复合物。琼脂胶是一种含有硫酸根和羟基的多糖，它具有离子交换性质，这种性质会给电泳及凝胶过滤产生不良影响。琼脂糖是以质地较纯的琼脂为原料去除琼脂胶制成的，不含带电荷的基团，电渗影响很小，是一种良好的电泳材料。

琼脂糖是一种直链多糖，可通过氢键形成凝胶。凝胶孔径的大小决定于琼脂糖的浓度。浓度越高，孔隙越小，其分辨能力就越强。不同 DNA 的分子质量大小及构型不同，电泳时的泳动度就不同，从而分出不同的区带。采用不同浓度的琼脂糖凝胶可以分辨范围广泛的 DNA 分子，不同含量琼脂糖凝胶对 DNA 或 RNA 分子的相对分子质量分离范围见表 4-3。

表 4-3　不同含量琼脂糖凝胶对 DNA 或 RNA 分子的分离范围

100 mL 凝胶中的琼脂糖含量/g	DNA 或 RNA 分子的相对分子质量分离范围（$\times 10^3$）
0.3	5～60
0.6	1～20
0.7	0.8～10
0.9	0.5～7
1.2	0.4～6
1.5	0.2～3
2.0	0.1～2

琼脂糖凝胶电泳与聚丙烯酰胺凝胶电泳有相似之处，如 DNA 分子在琼脂糖凝胶中泳动时，也具有电荷效应与分子筛效应，但琼脂糖凝胶电泳一般用连续缓冲体系。另外，二者对 DNA 的分离范围有区别，琼脂糖凝胶电泳适用于分离长度为 200 bp 至 50 kb 的 DNA 片段，而聚丙烯酰胺凝胶电泳适用于分离 5～500 bp 的 DNA 片段。

五、等电聚焦电泳

在一定抗对流介质（如凝胶）中加入两性电解质载体，当直流电通过时，便形成一个由正极到负极 pH 逐步上升的梯度。两性化合物在此 pH 梯度中电泳时，就被浓集在与其等电点相等的 pH 区域，从而使不同等电点的化合物按各自等电点得到分离。

1. pH 梯度的形成　两性电解质的本质是一系列脂肪族多羧基多氨基的异构体和同系物的混合物，相对分子质量为 300～1 000，具有很多既不相同又很接近、相互连接的等电点（pI）。将两性电解质混合物加入电泳支持物中，当有直流电通过时，等电点最小（pI_1）的两性电解质在中性溶液介质中发生解离，带负电荷，向着具有酸性电极缓冲液的正极方向移动。当它泳动到正极端时，与正极溶液电离出来的 H^+ 中和失去电荷，停止泳动。这时具有一定缓冲能力的两性电解质就使其周围溶液的 pH 等于其等电点 pI_1。同理，等电点稍大（pI_2）的两性电解质也向着正极泳动，当泳动到等电点最小的两性电解质负极端时，所带的电荷被中和，便不再移动。依次类推，经过适当时间的电泳后，具有不同等电点的两性电解质将依等电点递增的次序，在支持物中从正极移向负极，彼此相互衔接，形成一个平滑稳定的、由正极向负极逐渐上升的 pH 梯度。

2. 等电聚焦电泳分离蛋白质的过程　蛋白质是典型的两性电解质物质，它所带的电荷是随着溶液的 pH 变化而变化的，在酸性溶液中带正电荷，在碱性溶液中带负电荷。当蛋白质被置于具有从正极向负极逐渐递增的稳定、平滑 pH 梯度的支持物的负极端时，因其处于碱性环境中，带负电荷，故在电场作用下向正极泳动，当泳动到 pH 等于其 pI 的区域时，泳动将停止。如果把此蛋白质放在正极端，则其带正电荷，向负极泳动，最后也会泳动到与其等电点相等的 pH 区域。因此，无论把蛋白质放在支持物的哪个位置上，在电场作用下都会聚焦在 pH 等于其 pI 的位置，这种行为称为聚焦作用。

同理，将等电点不同的一组蛋白质混合物放在 pH 梯度支持物中，在电场作用下经过适当时间的电泳，其组分将分别聚焦在 pH 等于其各自等电点的区域，形成一个个蛋白质区带。电泳时间越长，蛋白质聚焦的区带就越集中，越狭窄。

等电聚焦电泳分辨力高，可分离等电点相差 0.01～0.02 pH 单位的蛋白质，而且还能抵消扩散作用，使区带越走越窄。等电聚焦电泳可用于测定蛋白质及多肽等电点、分离制备蛋白质及多肽或用于双向电泳中分离蛋白质及多肽。

六、双向电泳

双向电泳（two - dimensional electrophoresis，2 - DE）是 O'Farrall 等人于 1975 年建立的将等电聚焦电泳（IEF）与 SDS - PAGE 相结合的电泳技术。在双向电泳中，等电聚焦电泳（管柱状）为第一向，即先进行等电聚焦电泳（依据不同蛋白质的等电点差异进行分离）；SDS - PAGE（平板）为第二向，即再进行 SDS - PAGE（依据不同蛋白质的分子质量进行分离），最后经染色得到的电泳图是一个二维分布的蛋白质图谱。

IEF/SDS - PAGE 双向电泳对蛋白质（包括核糖体蛋白、组蛋白等）的分离是极为精细的，特别适合于分离细菌或细胞中复杂的蛋白质组分。因此，它是一种分析细胞、组织或在其他生物样本中提取的蛋白质混合物的有力手段，也是目前唯一能将数千种蛋白质同时分离与展示的分离技术，其高分辨率、高重复性和兼具微量制备的性能是其他分离方法无法相比的。双向电泳技术、计算机图像分析与大规模数据处理技术以及质谱技术被称为蛋白质组研究的三大基本支撑技术。

第三节　染色方法

一、蛋白质染色方法

（一）氨基黑 10B 染色法

氨基黑 10B（amino black 10B）的分子式为 $C_{22}H_{14}N_6Na_2O_9S_2$，相对分子质量为 616.5。常温常压下呈黑褐色粉末状，可溶于水，呈蓝黑色，溶于酒精呈蓝色，微溶于丙酮，不溶于其他有机溶剂。它是含有磺酸基团的酸性染料，可与蛋白质的碱性基团反应生成复合盐，是常用的蛋白质染料之一。

氨基黑 10B 主要用于对聚丙烯酰胺凝胶电泳、琼脂糖凝胶电泳和醋酸纤维素薄膜电泳分离的蛋白质的染色。在电泳后，一般推荐在固定蛋白质的胶上用 0.1% 氨基黑 10B 溶液染色至少 2 h，然后用 7%（体积分数）醋酸溶液脱色。其检测灵敏度约为考马斯亮蓝 R - 250

的 20%。当印迹膜上转移的蛋白质大于 50 ng/条带时,在淡蓝色的背景上可呈现深蓝色的条带。在蛋白质测序及对蛋白质原位切割时,氨基黑也是最常用的染色剂。

(二)考马斯亮蓝 R - 250 染色法

在蛋白质染色方法中,目前以考马斯亮蓝染色法最为常用。它既克服了氨基黑染色灵敏度不高的问题,又比银染法更简便易操作。考马斯亮蓝属于三苯甲烷类染料,可与蛋白质结合形成稳定的非共价复合体,这种复合体在某一特定波长下,具有最大吸收峰,且一定范围内与蛋白质浓度成正比,因此可用于蛋白质的定量测定。

考马斯亮蓝染色法又称为 Bradford 法,其灵敏度可达到 $0.2 \sim 0.5~\mu g$,最低可检出 $0.1~\mu g$ 的蛋白质。考马斯亮蓝可分为 R - 150、R - 250、R - 350、G - 250 等很多种。其中最常用的是考马斯亮蓝 R - 250 和考马斯亮蓝 G - 250。其中,R 代表红色,G 代表绿色。

考马斯亮蓝 R - 250 即三苯基甲烷衍生物,每个分子中含有两个—SO_3H 基团,偏酸性,与氨基黑一样也是结合到蛋白质的碱性基团上。考马斯亮蓝 R - 250 固体呈暗棕红色或深紫棕色,与蛋白质结合后呈蓝色,其最大吸收峰在 $586 \sim 592~nm$。考马斯亮蓝 R - 250 的染色灵敏度比氨基黑高 5 倍,其染色速度较慢,属于慢染,但脱色脱得很完全,目前主要用于聚丙烯酰胺凝胶电泳后蛋白质条带的染色。但当蛋白质浓度超出一定范围时,考马斯亮蓝 R - 250 对高浓度蛋白质的染色不符合 Beer 定律,用作定量分析时要注意。

(三)考马斯亮蓝 G - 250 染色法

考马斯亮蓝 G - 250 即二甲花青亮蓝,是一种甲基取代的三苯基甲烷,比考马斯亮蓝 R - 250 多两个甲基。其在游离状态下呈红色,当它与蛋白质结合后呈蓝绿色。蛋白质-色素结合物在 595 nm 波长下有最大吸收峰,其吸光度与蛋白质含量成正比,因此可用于蛋白质的定量测定。

考马斯亮蓝 G - 250 染色法是 1976 年 Bradford 发明的,该法试剂配制简单,操作简便快捷,反应非常灵敏,可测定微克级蛋白质含量,是一种常用的微量蛋白质快速测定方法。考马斯亮蓝 G - 250 的染色灵敏度不如考马斯亮蓝 R - 250,但比氨基黑高 3 倍。考马斯亮蓝 G - 250 染色法属于快染,且呈色后很稳定,蛋白质与考马斯亮蓝 G - 250 结合后,在 2 min 左右的时间内即可达到平衡,反应十分迅速,其结合物在室温下 1 h 内保持稳定,适于做定量分析。

考马斯亮蓝 G - 250 染色法用于大多数蛋白质的定量测定是比较精确的,但不适用于小分子碱性多肽(如核糖核酸酶、溶菌酶)的定量测定。且去污剂(如 TritonX - 100、SDS、NP - 40 等)的浓度超过 0.2%时会影响测定结果。

(四)荧光染色法

蛋白质荧光染色法的主要原理是利用抗原抗体之间的特异性结合来显示目的蛋白质,其主要流程是蛋白质首先和一抗结合,然后带有荧光基团的二抗识别并结合一抗,最后在荧光显微镜下即可观察到荧光。

荧光染色法具有检测灵敏度高(可与银染法媲美)与染色流程简便这两大优点,而且其线性定量范围较比色法大 $10 \sim 100$ 倍。荧光染色的检测依赖于专门的仪器,需要一个单色激发光源、一个能将波长较长的发射光从波长较短的激发光中分离出来的选择性光学滤镜以及一个检测模块。对于许多荧光染料,可通过目视检测,但是其灵敏度不及采用摄像仪的检测方法。任何荧光染料都会带来一定程度的光漂白,这是曝光的结果。目前,市售的荧光染料已得到改进，光稳定性相对较好。尽管如此，在目测和图像采集前，仍要小心避免将凝胶过久暴露于外界的强光之下。

目前，常用的蛋白质荧光染料可分为两类：一类是在蛋白质条带部位表现出显著加强荧光效果的荧光染料，一类是特异地结合蛋白质条带而不与凝胶基质结合的自发荧光染料。SYPRO Orange 和 SYPRO Red 是最早商品化的总蛋白质荧光染料，于 19 世纪 90 年代出现。这些染料最初是用于凝胶中 DNA 染色的常规荧光检测，其检测方法是先经波长为 300 nm 的紫外线透射，随后进行宝利来一步摄影（polaroid photography）。上述荧光染料的开发建立了类似于溴化乙锭或 SYBR Green DNA 染色法的一种简单、一步式的总蛋白质特异染色和记录的工作流程，并且超越了考马斯亮蓝染色法的检测灵敏度。蛋白质荧光染料的进一步发展，产生了一些检测灵敏度范围近似于甚至超越了银染法的商业产品或配方。

（五）银染色法

银染色法（silver impregnation）又称作镀银。它是一种常用的染色方法，其基本显色原理是先将组织切片用硝酸银或氧化银浸渍，使银的氯化物、磷酸盐、尿酸盐等沉淀，水洗后，通过福尔马林、照相显影剂（氢醌）或日光的作用，使银还原，由于析出的金属银的作用而得到黑色的染色相。

根据以上显色原理，人们发现银离子可以与氨基酸共价结合，外源加入还原剂后可使与氨基酸结合的银离子还原形成金属银而显色，因此银染色法也常用于蛋白质检测时的染色。银染色法检测的限度可低于 1 ng 蛋白质，其灵敏度比考马斯亮蓝染色法高约 100 倍。但银染色法步骤复杂、烦琐，且着色线性动力学的覆盖范围窄，导致蛋白质差异显示的不准确。同时，由于游离银离子及相关试剂的存在，给后续分析及鉴定也带来一定困难。

二、核酸染色方法

核酸是生物体内主要的遗传物质，生物处在生长、发育、生殖、变异等任何一个生命阶段，都要受到核酸的调节。因此，核酸成为人们了解和揭示生命现象本质的重要研究对象。但由于核酸太小，人们无法用肉眼直接看到，只能通过显微和染色技术才能看到它们。目前，在实验室中，常用的对核酸进行染色的方法有以下几种。

（一）溴化乙锭染色法

溴化乙锭（ethidium bromide，EB）是一种高灵敏的嵌入性荧光染色剂，为强诱变剂，价格便宜。它与 DNA 结合几乎没有碱基序列的特异性，在高离子强度的饱和溶液中，大约每 2.5 个碱基插入 1 个溴化乙锭分子。溴化乙锭的这种特性使其成为一种常用的核酸染料，用于凝胶电泳中的显色反应。溴化乙锭在紫外区 302 nm 和 366 nm 处有吸收峰，在紫外光的照射下，溴化乙锭可被激发出橙红色的荧光（590 nm）。结合有 DNA 的溴化乙锭复合物的荧光强度要比没有结合 DNA 的染料高出 20～30 倍，因此溴化乙锭可检测到少至 10ng 的 DNA 条带，非常灵敏。

（二）Gel Red 染色法和 Gel Green 染色法

Gel Red 和 Gel Green 是两种集高灵敏度、低毒性和超稳定性于一身的极佳的荧光核酸凝胶染色试剂，由 Biotium 公司研发推出，其染色效果和溴化乙锭相差不多，在紫外光下不容易猝灭，还可以用于凝胶回收，但价格较贵。其特点有：①高灵敏度。Gel Red 和 Gel Green 属于目前市场中最灵敏的凝胶染料。②稳定性极好。既可以使用微波炉加热，又可以在室温下保存。③毒性低，安全性高。Gel Red 和 Gel Green 独特的油性、大分子质量特点使其不能穿透细胞膜进入细胞内。艾姆斯氏实验结果也表明，该染料的诱变性远小于 EB。其水溶废弃物可直接倒入下水道，而不会造成任何环境污染。④适应性广泛。此两种染色法适用于预制凝胶和凝胶电泳后的染色。⑤染色过程简单。与 EB 一样，在预制胶和电泳过程中不必担心染料降解，而电泳后染色过程也只需 30 min，且无须脱色或冲洗。⑥更为经济。相比而言，使用 Gel Red 和 Gel Green 染色预制凝胶时，不需要额外染色过程，因此染料用量更少，可以多次反复使用。⑦对 DNA 和 RNA 的迁移影响小。⑧信噪比高。样品荧光信号强，背景信号低。⑨与标准凝胶成像系统以及可见光激发的凝胶观察装置完美兼容。使用波长 312 nm 激发的 UV 凝胶成像系统时，Gel Red 可以完美地替代 EB；使用波长 254 nm 激发的 UV 凝胶成像系统或可见光激发的凝胶观察装置时，Gel Green 足以替代任意一种 SYBR 染料。但与 EB 相比，该染料会使小片段 DNA 的迁移慢一些。

（三）Goldview 染色法

Goldview 核酸染料是一种可以替代溴化乙锭的新型核酸染料。采用琼脂糖凝胶电泳检测 DNA 时，灵敏度高，可以检测到 5 ng 的 DNA 样品，但同时背景也较重。在紫外光下，双链 DNA 呈绿色荧光，而单链 DNA 和 RNA 则呈红色荧光。虽未发现 Goldview 有致癌作用，但其溶液酸性较强，对皮肤、眼睛有一定的刺激，操作时应戴上手套，尽量减少污染。

（四）SYBR Green 染色法和 SYBR Gold 染色法

SYBR Green 和 SYBR Gold 属于花青素类核酸染料，有一定毒性，SYBR 系列的染料也能进入细胞线粒体以及核内的 DNA，从而对生物体产生危害。此外，相较于 EB，其稳定性要差很多。用于电泳染色的 SYBR 系列的染料均是经过修饰的，修饰的方式有三种：①加入卤素或氰基；②插入环羟基；③加入稳定剂。其中，SYBR Green Ⅰ是高灵敏的 DNA 荧光染料，适用于各种电泳分析，其操作简单，无须脱色或冲洗，至少可检出 20 pg DNA，灵敏度高于 EB 染色法的 25～100 倍。SYBR Green Ⅰ与双链 DNA 结合荧光信号会增强 800～1 000 倍，用 SYBR Green Ⅰ染色的凝胶样品荧光信号强，背景信号低。但 SYBR Green Ⅰ已被证实在紫外光下将会产生强诱变能力，使 DNA 或其他物质发生突变。

三、糖蛋白染色方法

目前，在糖蛋白分离、提纯、鉴定的过程中，对其进行染色的方法有很多。被广泛应用的主要有两大类方法，一类是在凝胶电泳中常用的基于过碘酸- Schiff 试剂（periodic acid Schiff，PAS）反应机制的染色方法，另一类是在印迹技术中常用的利用凝集素与特定糖类结合的染色方法。

（一）基于 PAS 反应的染色方法

PAS 反应的原理是在过碘酸的作用下，糖蛋白中糖链上相邻两个碳原子上的羟基被氧化成醛基，醛基再与 Schiff 试剂反应而呈紫红色，其在紫外灯或荧光灯下可被检测。目前越来越多的用于鉴定糖蛋白的荧光试剂被开发出来，这些方法一般都是基于 PAS 反应原理，不同之处在于选用不同的荧光染料以提高检测的灵敏度及反应的特异性。

1. 酸性品红　酸性品红（acid fuchsin）是聚丙烯酰胺凝胶电泳中糖蛋白染色的常用染料。其染色原理是在过碘酸作用下，糖蛋白中糖链上相邻的羟基被氧化成醛基，醛基再与酸性品红的氨基反应形成 Schiff 碱，呈紫红色。该法对含有唾液酸的糖蛋白比较灵敏，但染色周期较长，一个完整的染色过程需 7 d 左右，并且检测的灵敏度较低（微克级）。

2. 丹磺酰肼荧光试剂　丹磺酰肼（dansyl hydrazine）的染色原理是糖蛋白经过碘酸氧化后生成醛基，然后可与—NH$_2$ 反应形成腙，腙接着可被 NaBH$_4$ 或 NaCNBH$_3$ 还原成稳定的二级胺，被染色的糖蛋白可在紫外灯下直接检测，灵敏度可达到 40 ng，且染色一般只需 2 d，比酸性品红染色法有更大的优越性。但该法也有缺点，糖蛋白与丹磺酰肼试剂反应的条件比较苛刻，在酸性条件下用 DMSO 作为溶剂，60 ℃条件下反应 2 h；对染料的浓度要求也很高，需达到 0.5～2.0 g/L。

3. 丹磺酰甘氨酰肼荧光试剂　丹磺酰甘氨酰肼（dansyl glycyl hydrazide）是一种酰肼类荧光染料，可直接在凝胶中对糖蛋白进行染色。其灵敏度要高于酸性品红和丹磺酰肼，其可检测到 10～20 ng 级的糖蛋白，并且丹磺酰甘氨酰肼试剂本身非常稳定，只对糖蛋白进行专一染色，适用于未知样品的鉴定分析和样品纯度的鉴定。

4. 荧光素–5–氨基硫脲　荧光素–5–氨基硫脲（fluorescein–5–thiosemicarbazide，FTSC）是一种消光系数和荧光效应均很高的染料。荧光素–5–氨基硫脲的染色灵敏度远高于丹磺酰甘氨酰肼，运用荧光素–5–氨基硫脲对糖蛋白辣根过氧化物酶（HRP）的检测灵敏度可达到 1 ng，是丹磺酰甘氨酰肼染料的 40 倍。同时，荧光素–5–氨基硫脲对糖蛋白的染色也具有很强的专一性。另外，由于在电泳前对样品进行了标记，可大量节省染料并缩短染色时间。

5. Pro-Q Emerald 类染料　Pro-Q Emerald 类染料是美国 Molecular Probe 公司开发的一种用于双向电泳凝胶鉴定糖蛋白的试剂盒。该染料的染色原理基于 PAS 反应机制，不同之处在于氨基上连了一种新的荧光物质，整个染色过程包括三个步骤：固定、氧化和染色。该试剂反应条件温和，室温即可；不需要焦亚硫酸钠、硼氢化钠将反应结果固定；利用计算机采集技术即可得到多种有关蛋白质的糖基化位点和表达程度的图谱。此外，Pro-Q Emerald 染料的灵敏度很高，且方便可靠。

（二）基于凝集素联用的糖蛋白染色方法

利用凝集素（lectins）与特定糖类结合的染色方法是在蛋白质印迹技术中常用的糖蛋白染色方法。凝集素是一种对糖蛋白上的糖类具有高度特异性的结合蛋白。凝集素能识别并结合特异单糖或糖链结构，糖类物质结合专一性不同的凝集素后，可区别糖残基的连接方式、分支和修饰情况，因此凝集素不仅能用于寡糖和糖复合物的分离纯化，还能用于糖链结构的分析。

目前，在糖蛋白检测中最常用的植物凝集素有伴刀豆凝集素 A（concanavalin A，ConA）、半乳糖苷结合凝集素（galectin，Gal）、花生凝集素（peanut agglutinin，PNA）、橙黄网胞盘菌凝集素（aleuria aurantia lectin，AAL）等。不同的植物凝集素用于分离不同类型的糖蛋白和糖肽。由于凝集素对糖蛋白的识别与结合具有很高的特异性，故其在糖蛋白的分离纯化中的应用还是有一定限制的。

凝集素和糖链的专一性结合类似于抗原抗体反应，利用凝集素可与糖链特异性结合的原理，可用不同种类的凝集素作为探针，检测生物来源的糖蛋白。在该体系中，凝集素与报告酶相连，在加入报告酶对应的底物时，报告酶可将底物降解，显色或荧光位置即是糖蛋白所在位置。目前，最常用的报告酶是辣根过氧化物酶和碱性磷酸酯酶。

第四节　应用实例

一、醋酸纤维素薄膜电泳分离血清蛋白

1. 目的　掌握醋酸纤维素薄膜电泳分离蛋白质的基本原理和操作。

2. 原理　血清中含有多种蛋白质，它们所具有的可解离基团不同，在同一 pH 的缓冲液中，所带净电荷不同，它们的分子质量大小也不同，因此在电场中的移动情况也不同，故可利用电泳法将它们分离。人血清中有关蛋白质的等电点、相对分子质量的差异如表 4 - 4 所示。

表 4 - 4　人血清中各种蛋白质的等电点及相对分子质量

蛋白质名称	等电点（pI）	相对分子质量
清蛋白	4.88	69 000
α_1 球蛋白	5.06	200 000
α_2 球蛋白	5.06	300 000
β 球蛋白	5.12	90 000～150 000
γ 球蛋白	6.85～7.50	156 000～300 000

从表 4 - 4 中可知，血清中 5 种蛋白质的等电点都低于 8.0，所以在 pH 8.6 的缓冲液中，它们都可解离为负离子，在电场中向正极移动。由于清蛋白所带负电荷量最大，泳动最快，向正极迁移的距离最长，其余蛋白质所带负电荷量从大到小排列依次为 α_1 球蛋白、α_2 球蛋白、β 球蛋白、γ 球蛋白。γ 球蛋白所带电荷量最小，向正极迁移的距离最短，离原点最近。

由于血清中蛋白质为无色的胶体颗粒，因此需要用染色的方法来进行观察。现有多种染料可与蛋白质结合，本实验中所采用的是氨基黑 10B。电泳结束后，将薄膜浸入染色液中浸泡染色，然后用漂洗液漂洗。漂洗液可洗去薄膜上未与蛋白质结合的染料，但是不能洗去已与蛋白质结合的染料。这样，漂洗之后就可以在薄膜上看到不同的蛋白质所处于不同的位置，形成电泳区带。

在一定范围内，蛋白质的量与结合的染料量成正比，因而还可以进行定量分析。本实验中将醋酸纤维素薄膜上各蛋白区带剪下，分别用 0.4 mol/L NaOH 将蛋白质浸洗下来，用比色法测定其相对含量。也可以将染色后的薄膜直接用光密度计扫描法测定其相对含量。

3. 材料、设备与试剂

（1）**材料**　新鲜血清（制备时要无溶血现象）。

（2）**设备**　电泳仪电源、水平电泳槽、醋酸纤维素薄膜（2.5 cm×8 cm）、染色液盘、漂洗盘、镊子、玻璃板、载玻片、滤纸等。

（3）**试剂**

① 电极缓冲液（pH 8.6，0.07 mol/L 巴比妥缓冲液）：称取巴比妥钠 12.76 g、巴比妥 1.66 g，合并后用蒸馏水溶解并定容至 1 000 mL。

② 染色液：称取氨基黑 10B 0.5 g，依次加入蒸馏水 40 mL、甲醇 50 mL、冰醋酸 10 mL，混匀后，贮存于试剂瓶中。

③ 漂洗液：甲醇（或 95% 乙醇）45 mL、冰醋酸 5 mL、蒸馏水 50 mL 混匀。

④ 洗脱液：0.4 mol/L NaOH 溶液。

⑤ 透明液：无水乙醇 75 mL、冰醋酸 25 mL 混匀。

4. 操作步骤

(1) 醋酸纤维素薄膜的浸泡 将醋酸纤维素薄膜缓缓浸入盛有电极缓冲液的器皿中，浸泡 10～30 min，至膜上无白点存在。

(2) 制作电桥 将电极缓冲液倒入水平电泳槽的两边，使两个电极槽内的液面等高（可用虹吸管平衡两边的液面）。根据电泳槽的纵向尺寸，在两电极槽分别放入四层滤纸，一端浸入缓冲液中，另一端则贴附在电泳槽的支架上（用缓冲液将滤纸全部润湿并驱除气泡，使滤纸紧贴在支架上，即为滤纸桥），其作用是联系薄膜与两电极缓冲液（图 4-1）。

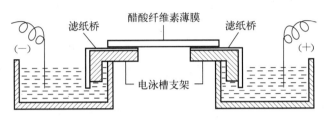

图 4-1 醋酸纤维素薄膜电泳装置

(3) 点样与电泳 取出浸透的醋酸纤维素薄膜，用滤纸吸去多余的缓冲液，识别无光泽面，平放在滤纸上（无光泽面朝上）。在距薄膜一端 2.0 cm 处点样。用盖玻片蘸取少许血清，垂直均匀地印于膜上点样处，待血清渗入薄膜后，即可进行电泳。

用镊子将薄膜无光泽面（即点样一面）反扣在电泳槽的正负极滤纸桥上，使薄膜的点样端位于负极，且薄膜要绷紧，中央不出现凹面。平衡 10 min 后，打开电泳仪开关，调节电压为 90～110 V，电流强度为 0.4～0.6 mA/cm，电泳 40～60 min。

(4) 染色与漂洗 电泳结束后，关闭电泳仪。用镊子取出醋酸纤维素薄膜，将薄膜浸入染色液中，染色 5～10 min，取出，再放入盛有漂洗液的平皿中漂洗。每隔 10 min 左右换一次漂洗液，连续数次，直至背景颜色脱去。此时将醋酸纤维素薄膜夹在滤纸中吸去多余的水分，然后将薄膜放在 80 ℃ 左右的烘箱中烘干。

(5) 透明 用镊子将烘干的薄膜放入透明液中 10 s 左右拿出，放到已经洗好烘干的玻璃板上，将气泡赶净，立即放入 80～100 ℃ 烘箱中烘干，即可观察到薄膜上清晰的电泳图谱。

(6) 取膜 将烘干透明的薄膜取出，用刀片轻轻刮下即可。

(7) 分析 将薄膜用透明胶粘到报告本上，标明正负极及五条带各为何种蛋白。

(8) 定量分析 可利用比色法或光密度计扫描法，测得各蛋白质组分的含量。

① 比色法：将漂洗干净而未透明的电泳图谱的各区带剪下，并剪一段无蛋白区带的薄膜作为空白，分别浸于盛有 4 mL 0.4 mol/L NaOH 溶液的试管中，摇匀，37 ℃ 水浴中保温 30 min，每隔10 min摇动 1 次。然后以无蛋白区带的试管为空白调零，在 620 nm 波长下比色，分别测出各管的吸光度（$A_清$、A_{α_1}、A_{α_2}、A_β、A_γ），它们的总和为总吸光度（$A_总$）。按下列方法计算血清中各种蛋白质含量。

$$A_总 = A_清 + A_{\alpha_1} + A_{\alpha_2} + A_\beta + A_\gamma$$
$$清蛋白含量 = (A_清/A_总) \times 100\%$$

$$\alpha_1 \text{ 球蛋白含量} = (A_{\alpha_1}/A_{\text{总}}) \times 100\%$$
$$\alpha_2 \text{ 球蛋白含量} = (A_{\alpha_2}/A_{\text{总}}) \times 100\%$$
$$\beta \text{ 球蛋白含量} = (A_\beta/A_{\text{总}}) \times 100\%$$
$$\gamma \text{ 球蛋白含量} = (A_\gamma/A_{\text{总}}) \times 100\%$$

② 光密度计扫描法：将已透明好的薄膜电泳图谱放入自动扫描光密度计内，在记录仪上自动绘出血清中蛋白质各组分曲线图，横坐标为薄膜长度，纵坐标为吸光度，每个峰代表一种蛋白质组分。以峰的面积计算血清中各蛋白质的百分含量。

二、醋酸纤维素薄膜电泳分离腺苷酸

1. 目的　了解醋酸纤维素薄膜电泳法分离带电颗粒的原理；观察核苷酸类物质的紫外吸收现象。

2. 原理　在 pH 4.8 的电泳缓冲液条件下，核苷酸都带负电荷，在电场中向正极移动，移动速度由所带电荷量决定，AMP、ADP、ATP 解离之后，其所带负电荷量的大小顺序为：ATP＞ADP＞AMP，它们在同一电场中泳动速度不同，从而得到分离。再利用核苷酸类物质的碱基具有紫外吸收性质，将电泳分离后的醋酸纤维素薄膜放在紫外灯下，可见不同位置的暗红色斑点。参照不同腺苷酸标准样品在同样条件下的电泳情况，可对混合样品分离后的各组分进行鉴定。

3. 设备与试剂

（1）**设备**　电泳仪电源、电泳槽（平板式）、紫外灯、电吹风、医用镊子、醋酸纤维素薄膜（8 cm×12 cm）、微量进样器（10 μL 或 50 μL）等。

（2）**试剂**

① 柠檬酸缓冲液（pH 4.8）：称取柠檬酸 8.4 g、柠檬酸钠 17.6 g，溶于蒸馏水并稀释到 2 000 mL。

② 标准腺苷酸溶液：用蒸馏水将纯 AMP、ADP、ATP 分别配成 10 mg/mL 溶液 10 mL。其中 AMP 需略加热助溶。当日配制，置冰箱备用。

③ 混合腺苷酸溶液：分别取上述标准液 AMP、ADP、ATP 各 1 份，等量混匀。置冰箱备用。

4. 操作步骤

（1）**点样**　将醋酸纤维素薄膜放入 pH 4.8 的柠檬酸缓冲液中，待薄膜完全浸透（约 30 min）后用镊子取出，夹在无菌滤纸中间，轻轻吸去多余的缓冲液。仔细辨认薄膜的无光泽面，用毛细管依次将标准液及样品液点于记号处，注意斑点直径勿超过 2 mm，每样点 2～3 次，每点一次用冷风吹干。

（2）**电泳**　先用滤纸或纱布将电泳槽的两极覆盖，然后向电泳槽内注入 pH 4.8 的柠檬酸缓冲液，缓冲液的高度约为电泳槽深度的 3/4（注意：滤纸或纱布的两端应浸没在液面以下，且两槽中的液面应保持一致）。将已点样薄膜的无光泽面向下置于电泳槽支架的滤纸桥上，点样端置于负极方向，盖上电泳槽盖，接通电源，调电压为 300 V，120 min 后关闭电源，取出醋酸纤维素薄膜，用电吹风吹干。

（3）**观察**　用镊子小心地将吹干的薄膜放在紫外灯下观察，用铅笔画出各腺苷酸电泳斑点，并标明各斑点的腺苷酸代号。绘出三种标准核苷酸及样品的电泳图谱，以标准单核苷酸的泳动度作标准，鉴别试样中各组分。

三、聚丙烯酰胺凝胶垂直板电泳分离过氧化物酶同工酶

1. 目的　掌握聚丙烯酰胺凝胶电泳技术的原理、装置、凝胶配制等知识；熟悉电泳的操作过程，同时对同工酶有一个感性的认识。

2. 原理　同工酶是来自同一生物不同组织或同一细胞不同亚细胞结构，能催化相同反应但结构不同的一组酶。在生物中，酶的表达直接受遗传基因的控制。同工酶作为基因编码的产物，其变化能代表 DNA 分子水平上的变化，所以同工酶分析是从蛋白质分子水平上研究生物群体遗传分化的有效手段。

过氧化物酶（POD）同工酶是植物体内常见的氧化酶，它与超氧化物歧化酶（SOD）、过氧化氢酶（CAT）相互协调配合，清除植物体内过剩的自由基，使植物体内的自由基维持在一个动态的正常水平，以提高植物的抗逆性。植物在生长发育的后期，植株趋于衰老，籽粒成熟，其体内自由基及其衍生物的含量不断增加，尤其是 SOD 清除自由基后的产物过氧化氢的含量不断增加，需要大量的 POD 来分解过氧化氢。另外，植物发育后期，POD 活性的增加也可能用来分解叶绿素和生长素，使植株尽早停止生长，减少营养消耗，从而加强植株抵抗自由基及其衍生物和外界不良自然环境造成的伤害。

本实验采用聚丙烯酰胺凝胶垂直板电泳分离小麦幼苗过氧化物酶同工酶，根据酶的生物化学反应，通过染色显示出酶的不同区带，以鉴定小麦幼苗过氧化物酶同工酶。

3. 材料、设备与试剂

（1）**材料**　小麦。

（2）**设备**　垂直板电泳槽及附件（玻璃板、硅胶条、样品梳、导线等）、稳压稳流直流电泳仪、微量进样器等。

（3）**试剂**

① 2％琼脂溶液：2 g 琼脂用 98 mL pH 8.9 的分离胶缓冲液浸泡，用前加热熔化。

② 分离胶缓冲液（pH 8.9 Tris - HCl 缓冲液）：取 48 mL 1 mol/L HCl 和 36.8 g Tris，先用去离子水溶解，然后定容至 100 mL。

③ 浓缩胶缓冲液（pH 6.7 Tris - HCl 缓冲液）：取 48 mL 1 mol/L HCl 和 5.98 g Tris，先用去离子水溶解，然后定容至 100 mL。

④ 分离胶贮液（Acr - Bis 贮液 I）：取 28.0 g Acr 和 0.735 g Bis，先用去离子水溶解，然后定容至 100 mL，过滤除去不溶物，装入棕色试剂瓶中，4 ℃保存。

⑤ 浓缩胶贮液（Acr - Bis 贮液 II）：取 10.0 g Acr 和 2.50 g Bis，先用去离子水溶解，然后定容至 100 mL，过滤除去不溶物，装入棕色试剂瓶中，4 ℃保存。

⑥ 过硫酸铵溶液（AP）：取 0.01 g 过硫酸铵溶于 1 mL 去离子水中（需当天配制）。

⑦ 电极缓冲液（pH 8.3 Tris -甘氨酸缓冲液）：取 6.0 g Tris 和 28.8 g 甘氨酸，先溶于去离子水，然后定容至 1 000 mL，用时稀释 10 倍。

⑧ 40％蔗糖溶液：取 40 g 蔗糖，溶于 50 mL 去离子水中，然后定容至 100 mL。

⑨ pH 4.7 乙酸缓冲液：取 70.52 g 乙酸钠，溶于 500 mL 去离子水中，再加 36 mL 冰乙酸，最后定容至 1 000 mL。

⑩ 样品提取液（pH 8.0 Tris - HCl 缓冲液）：取 12.1 g Tris，溶于 1 000 mL 去离子水

中，以 HCl 调节 pH 至 8.0。

⑪ 0.5％溴酚蓝溶液：取 0.5 g 溴酚蓝，溶于 100 mL 去离子水中。

⑫ 联大茴香胺染色液：取 250 mg 联大茴香胺，溶于 140 mL 95％乙醇中，再加 20 mL 蒸馏水。使用前再加 4～5 mL 3％ H_2O_2（需当天配制）。

⑬ 四甲基乙二胺（TEMED）：原液。

4. 操作步骤

（1）电泳槽的安装　将两块玻璃板（勿用手指接触玻璃板面，可用手夹住玻璃板的两旁操作）正确放入硅胶条中，夹在电泳槽里，按对角线顺序旋紧螺丝，注意用力均衡以免夹碎玻璃板。安装好电泳槽后，用 2％琼脂溶液封底，待琼脂凝固后即可灌制凝胶。

（2）凝胶的制备　按表 4-5 所示，配制分离胶。

表 4-5　分离胶配制配方

名称	分离胶缓冲液	分离胶贮液	H_2O	TEMED	过硫酸铵溶液
用量/mL	1.30	2.70	6.00	0.040	0.70

将上述制胶材料按配方用量量取好，在小烧杯中混匀后，立即灌胶。灌胶时，将电泳槽略微倾斜，用手扶稳，将小烧杯尖端抵在长玻璃片顶端中央某点，小心倒入两玻璃片之间，灌至距短玻璃片顶端 2 cm 左右即可。然后放平电泳槽，立即用滴管在胶的上层小心轻缓地覆盖 2～3 mm 厚的水层。灌注水层时要均匀轻缓，以防在胶顶部产生漏洞，影响结果。刚加水时，可看出界面，随后界面逐渐消失，等到再出现界面时，表明分离胶已聚合，再静置一会儿，便可将水倒出，可用滤纸条从一侧略微吸浸，注意不要碰毁胶面，然后准备灌注浓缩胶。按表 4-6 配制浓缩胶。

表 4-6　浓缩胶配制配方

名称	浓缩胶缓冲液	浓缩胶贮液	H_2O	TEMED	过硫酸铵溶液
用量/mL	0.50	1.00	2.20	0.020	0.30

将上述制胶材料按配方用量量取好，在小烧杯中混匀后，立即灌胶，操作同分离胶的灌注。当胶面达到距短玻璃片顶端 0.5 cm 左右即可，然后立即插入样品梳。聚合完成后，在电泳槽内倒入电极缓冲液，然后小心拔出样品梳，准备点样。

（3）样品的制备　称取小麦幼苗茎部 0.5 g，放入研钵内，加样品提取液 1 mL，于冰水浴中研成匀浆，然后以 2 mL 样品提取液分几次洗入离心管，在高速离心机上以 8 000 r/min 离心 10 min，倒出上清液，以等量 40％蔗糖及 1/5 体积溴酚蓝指示剂混合，留作上样用。

（4）上样　用微量进样器小心吸取样品液加到样品槽内，每个点样槽 15～50 μL。点样时须小心，防止样品液扩散。

（5）电泳　接好电源线（上槽接负极，下槽接正极）。打开电源开关，调节电流，初始时控制在 15 mA 左右，当前沿进入分离胶后，可调节电流到 30 mA 左右，待前沿指示染料下行至距胶板末端 1～2 cm 处，即可停止电泳。把调节旋钮调至零，关闭电源，电泳约 3 h。

（6）剥胶、染色及记录结果　电泳结束之后，将垂直板从电泳槽上取下，小心地将两块玻璃板分开，将凝胶小心地置于大培养皿中，进行染色反应（样品槽可以去掉）。

染色过程如下：①向大培养皿中倒入约 50 mL pH 4.7 乙酸缓冲液，将胶板淹没，室温下浸泡6～7 min；②用漏斗回收乙酸缓冲液，加入联大茴香胺染色液，将胶板淹没，室温下浸泡 20 min。过氧化物酶在分解过氧化氢的过程中会产生氧自由基，能使联大茴香胺发生颜色反应，产生褐色的化合物。故在用联大茴香胺染色液浸泡过的凝胶板上，有褐色谱带的部位说明有过氧化物酶同工酶，观察并记录此酶谱。

倒掉染色液，重新加入 pH 4.7 乙酸缓冲液，于日光灯下观察记录酶谱，绘图或照相。

四、SDS‒PAGE 测定超氧化物歧化酶的相对分子质量

SDS‒PAGE 装置可分为圆盘状和垂直板状，有两种系统：连续系统和不连续系统。本实验采用垂直板状不连续系统。

1. 目的　掌握 SDS‒PAGE 测定蛋白质相对分子质量的原理和操作。

2. 原理　在聚丙烯酰胺凝胶电泳中，蛋白质的迁移率取决于它所带净电荷及分子的大小和形状。如果用 SDS 和还原剂（如巯基乙醇）处理蛋白质样品，则蛋白质分子中二硫键被还原，SDS 以其疏水烃链与蛋白质分子暴露的疏水侧链结合成复合体，使蛋白质亚基带上大量的负电荷，因而掩盖了不同蛋白质间原有的电荷差别。在聚丙烯酰胺凝胶上进行电泳时，它们只通过分子筛效应来进行分离，因而可用于蛋白质相对分子质量的测定。

3. 材料、设备与试剂

（1）**材料**　脱盐或冻干的超氧化物歧化酶。

（2）**设备**　稳压稳流电泳仪、垂直板电泳槽、脱色摇床、50 mL 小烧杯、酸度计、电导仪、分析天平、真空泵、高速台式离心机、微量加样器等。

（3）**试剂**

① 样品缓冲液（pH 8.0）：取 Tris 1.21 g、甘油 10 mL、巯基乙醇 5 mL、溴酚蓝0.1 g、SDS 2 g 溶于蒸馏水中，用 HCl 调 pH 至 8.0，用蒸馏水定容至 100 mL（注意调完 pH 后再加巯基乙醇）。

② 染色液：含 45％甲醇、10％乙酸、0.25％考马斯亮蓝 R‒250。

③ 脱色液：含 25％甲醇、10％乙酸。

④ 标准分子质量蛋白质（商品化试剂）。

⑤ 其他试剂：2.5％琼脂溶液、1.5 mol/L pH 8.9 Tris‒HCl 缓冲液、1 mol/L pH 6.8 Tris‒HCl 缓冲液、pH 8.3 Tris‒Gly 电极缓冲液、30％丙烯酰胺、10％SDS、10％AP（临用现配）、TEMED 等。

4. 操作步骤

（1）**制备凝胶板及电泳凝胶**　注入凝胶前，先用无水乙醇擦拭玻璃板内面，用 2.5％琼脂溶液封边，并用蒸馏水检验是否密封完好。然后依据表 4‒7 分别制备分离胶与浓缩胶。先制备分离胶，加入 TEMED 后，迅速旋转混合物，然后用吸管或 1 mL 移液器将其缓慢注入两块玻璃板之间的间隙中，灌至距离顶端约 1.5 cm 时缓慢注入蒸馏水，然后将凝胶板垂直放于室温下，等待其聚合。待聚合后（约 40 min），倒掉顶部蒸馏水，再用去离子水清洗凝胶顶部，用滤纸吸干水分。此时，制备浓缩胶，用吸管吸取配好的浓缩胶缓慢注入分离胶表面，插入样品梳。待凝固后，轻轻拔出样品梳。

表 4 - 7 SDS - PAGE 凝胶配制配方

组分	10%分离胶/mL	5%浓缩胶/mL
H_2O	4.0	2.7
30%丙烯酰胺	3.3	0.67
1.5 mol/L Tris - HCl (pH 8.9)	2.5	0
1 mol/L Tris - HCl (pH 6.8)	0	0.5
10% SDS	0.1	0.04
10% AP	0.1	0.04
TEMED (最后加入)	0.005	0.003

（2）制备超氧化物歧化酶样品 称取脱盐或冻干的超氧化物歧化酶样品 0.01 g，加 1 mL 蒸馏水溶解后，以 10 000 r/min 离心 5 min，吸取上清液 50 μL，加等体积的样品缓冲液，沸水浴加热 3 min，取出后立即再离心，留上清液作待测样品备用。

（3）加样 在电泳槽中倒入电极缓冲液，淹没电极及短玻璃板，然后用加样器在样品槽内分别加入标准分子质量蛋白质和待测样品。

（4）电泳 连接电泳仪的直流电源，正极连在凝胶板的下端，负极连在凝胶板的上端，即有样品的一端。电流值恒为 10 mA，样品缓冲液中的溴酚蓝指示剂到达离凝胶底部 0.5 cm 处，关闭电源，取下电泳板，并将两片玻璃板分开，将凝胶板小心地移入染色槽中。

（5）染色、脱色 加染色液染色 12 h 以上，然后倒去染色液，加脱色液将背景的蓝色脱尽，中间要更换数次脱色液，然后将凝胶板制成干板。

5. 数据处理 测量溴酚蓝的泳动距离，将它作为相对迁移率的标准 1.0。测量样品和标准分子质量蛋白质的泳动距离，算出它们的迁移率 R_f 值（R_f＝迁移距离/染料迁移距离），最后从标准曲线上查出其相对分子质量的对数值，换算出样品中超氧化物歧化酶的相对分子质量。

标准曲线的制作：以标准分子质量蛋白质的迁移率为横坐标，以相对分子质量的对数为纵坐标，绘制标准曲线。

第五章　层析技术

层析（chromatography）是利用混合物中各组分理化性质（如吸附力、分子形状和大小、分子极性、分子亲和力、分配系数等）的差别，使各组分以不同程度分布在两个相中（固定相和流动相），从而使各组分以不同的速度移动而使其分离的方法。

层析技术始于20世纪初，当时层析技术被用于分离提取植物色素。各种颜色的色素在层析柱上自上而下排列成色谱，故也称色层分离法或色谱法。后来，随着人们认识的深入、不断的实践以及物理、化学技术的发展，其应用范围越来越广。现在，即使没有颜色的物质同样也可用此法分离。经过这些年的发展，层析操作越来越简便、快速和自动化；层析效果越来越灵敏、精确；层析方法也越来越多，并且每一种方法都已成为一门独立的技术。

经典层析技术操作简单，不需要复杂的设备，样品量可大可小，既可用于实验室的分离分析，也适用于工业化产品的分析制备。在生物化学领域，层析技术是最常用的分离分析方法之一。

第一节　概　　述

一、层析技术的原理和分类

目前层析技术种类繁多，但任何层析方法使物质分离均需要两相。其中一相是固定不动的，称为固定相；另一相是流动的，称为流动相。固定相有的是固体，有的是液体。多数情况下，流动相为液体，在气相层析中流动相为气体。当存在于流动相中的混合物随流动相流过固定相时，由于混合物中不同组分性质的差别，使它们在固定相和流动相中的分布程度不同，从而表现为各组分不同的移动速度，这样不同的组分就得到了分离。

层析方法可根据不同的标准分类。根据流动相分类，可分为液相层析和气相层析；根据固定相的载体——"床"的形式分类，可分为柱层析、薄层层析、薄膜层析等；根据分配原理分类，可分为吸附层析、分配层析、凝胶过滤层析、离子交换层析、亲和层析、疏水层析等。

二、层析的常用术语

1. 固定相　固定相是由层析基质组成的。其基质包括固体物质（如吸附剂、离子交换剂等）和液体物质（如固定在纤维和硅胶上的溶液）。这些物质能与相关化合物进行可逆的吸附、溶解和交换作用。

2. 流动相　在层析过程中推动被分离物质向一定方向移动的液体或气体称为流动相。在柱层析时，流动相又可称为洗脱液或洗涤液。在薄层层析时，流动相又可称为展开剂或展层剂。

3. 操作容量　操作容量是指在一定条件下，某种成分与基质反应达到平衡时，存在于基质上的饱和容量，一般以每克或每毫升基质结合某种成分的物质的量（mmol）或质量（mg）来表示。其数值越大，表明基质对某种成分的亲和力越强。

4. 床体积 床体积是指基质在层析柱中所占有的体积（V_t）。床体积是基质的外水体积（V_o）、内水体积（V_i）和基质自身体积（V_g）的总和，即 $V_t = V_o + V_i + V_g$（图 5-1）。

5. 洗脱体积 洗脱体积（V_e）是指某一成分从柱顶部洗脱开始，到在收集的洗脱液中出现浓度最大值时所用的洗脱液体积。

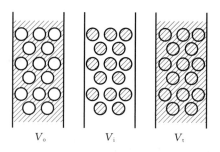

图 5-1 层析中基质的外水体积（V_o）、内水体积（V_i）和床体积（V_t）

6. 膨胀度 膨胀度（W_β）是指在一定溶液中，单位质量的基质充分溶胀后所占有的体积，即每克基质所具有的床体积。一般亲水性基质要比疏水性基质的膨胀度大。

三、柱层析的设备与操作

柱层析是指将固定相装填于柱形装备中进行层析的方法。这也是历史最久、应用最广泛的一种层析方法，几乎所有的层析技术都可应用。柱层析的优点是被分离物质的上样量可多可少，既可用于定性和定量分析，也可用于物质的制备。

（一）柱层析的设备

柱层析的基本设备有层析柱、恒流装置和接收装置。现在的柱层析设备越来越完整、精密、自动化。

1. 层析柱 层析柱一般由玻璃管制成，其下端为细口，出口处带有玻璃烧结板或尼龙网。柱的直径和长度之比一般为 1:（10~40）。采用直径极细的固定相装柱时，宜采用比例小的层析柱，反之则宜采用比例大的层析柱。层析柱的内壁直径不能小于 1 cm，直径过小会影响到分离效果。目前商品化的层析柱具有多种规格，可满足不同的实验需求。

2. 恒流装置 在层析过程中，必须保证流动相以恒定的速度流过固定相。因此洗脱液的加入必须由恒流装置加以控制。柱层析中常用的是恒压瓶（Mariotte 瓶）和恒流泵（图 5-2）。恒流泵流速是可调的，是最常用的恒流仪器。

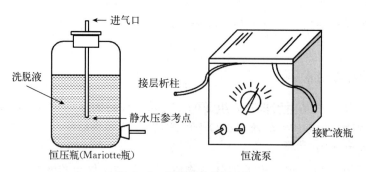

图 5-2 恒压瓶和恒流泵

3. 接收装置 洗脱液的接收可以用试管或离心管等一管一管地接，也可以使用部分收集器，这种仪器带有上百支试管，可准确地定时换管，自动化程度较高。

4. 其他　较高级的柱层析装置可配置检测器并连接记录仪（图5-3）。

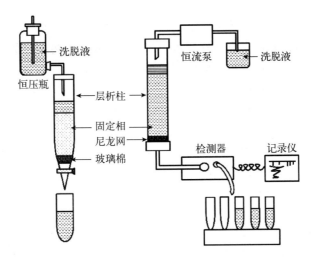

图5-3　较高级的柱层析装置

（二）柱层析的操作

1. 基质的预处理　有些层析方法所用的基质不能直接利用，需要进行预处理。预处理的方法因基质而异，例如离子交换剂需用酸碱浸泡，凝胶需预先溶胀等。

2. 装柱　装柱前，先把层析柱垂直固定在支架上。装柱分干装和湿装两种方法。干装是直接将基质加到层析柱中，然后倒入溶剂。此法不易将气泡排尽。湿装是先向柱中加入适量溶剂，排出其中空气，然后把预先用溶剂浸泡好的基质搅匀，随即将此悬浮液连续倾入柱中，待其自然降至柱高的1/4～1/3时，打开柱下端出口，让溶剂慢慢流出，使柱上端悬浮液徐徐下降至需要高度。基质表面要平整，并始终浸于溶剂中，严防气泡产生。装柱要做到装填均匀、松紧一致、没有气泡。

3. 平衡　基质填装好后，要接入洗脱液，用充足的洗脱液（通常5～10倍柱体积）流过固定相，以达到平衡。

4. 上样　基质平衡好后，关闭柱下端开口，使平衡液液面与固定相表面基本持平。用滴管环绕柱壁，轻轻地把待分离样品的溶液加到固定相表面。加样时要避免冲动基质，加入样品液的体积一般应小于床体积的1/2。上样完成后，打开柱下端出口，开始层析。待分离样品液面与固定相表面持平时，将出口关闭。用滴管加入洗脱液，打开出口，柱上端与装有洗脱液的恒压瓶或恒流泵连接，开始洗脱。

5. 洗脱　洗脱开始时，柱下端出口要与部分收集器接通（小量实验可以手动接收）。一般情况下，要将收集的每管洗脱液进行目标物质的浓度或活性测定。如果有自动检测仪器，将极大地方便目标物质的检测。根据结果绘出洗脱曲线。洗脱曲线以试管号或洗脱体积为横坐标，每管的浓度或活性为纵坐标。

为了获得满意的分离效果，洗脱液流速不仅要恒定，而且速度大小要控制恰当。速度太快，洗脱物在两相中平衡过程不完全；速度太慢，洗脱物会扩散。

6. 基质的再生　用过的基质，经适当的方法处理后，恢复自身功能的过程称为再生。不同的基质，再生方法不同，详细操作可参阅有关内容。

四、薄层层析的设备与操作

薄层层析是以涂布于玻璃板等载体上的基质（或基质吸附的分子或基团）为固定相，以液体为流动相的一种层析方法。它和柱层析一样，可适用于多种原理的层析技术，保持了柱层析的优点，同时又具自身特色：①操作方便，设备简单，显色容易，特别是可使用腐蚀性显色剂；②层析速度快，一般样品仅需 15～90 min；③灵敏度和分辨率高，受条件的影响小；④既可用于微量（微克级）操作，也可用于制备性分离。因此这种方法得到广泛的应用。

（一）薄层层析的设备

薄层层析的设备非常简单，主要由玻璃板、层析缸和一些附件组成。玻璃板用市售的民用玻璃即可，按需要可切割成不同的规格。层析缸可用专用层析缸，也可用标本缸代替，甚至大口径试管也可用。附件诸如涂布器、喷雾器等。

（二）薄层层析的操作

1. 薄层的制作 玻璃板必须光滑、清洁，先用洗液充分清洗，再用水冲净。制板时，将制好的糊状基质倒在玻璃板上，然后将其涂布为均匀的薄层。

① 玻璃棒涂布法：用一根玻璃棒，在其两端绕几圈胶布（胶布圈数依薄层厚度而定），用玻璃棒压在玻璃板上将基质向一个方向推动，即成薄层。

② 玻璃板或直尺涂布法：在欲涂薄层的玻璃板两侧放两块稍厚一些的玻璃板，基质糊倒在一块玻璃板上面，用另一块玻璃板或直尺边缘将基质刮向一方，形成一定厚度的薄层，干燥后刮去薄层两侧的基质即可。

③ 涂布器涂布法：使用专用的涂布器进行操作，这种方法可连续制板。

若用上述方法涂布的薄层不甚均匀，可当即轻轻敲打玻璃板，便可得到改善。制出的板应表面光滑、无水层、无气层、透光度一致。将制好的玻璃板水平放置 1～2 h，即可进行活化。

涂布时应注意，选用的基质颗粒应小，一般粒径为 150～200 目，试剂包装上都标有"薄层层析用"字样。涂布推进速度不能太快，薄层要均匀。

2. 活化 有的薄层在使用前需活化。活化过程是将薄层板置于烘箱中，让温度上升到 100 ℃以上（具体根据基质决定），保持 1 h。关闭电源，待温度降至室温时，取出放入干燥器备用。在活化过程中，要尽量避免突然升温或降温。否则，基质在展层过程中易脱落。

3. 点样 样品溶液最好制成挥发性的有机溶液（如乙醇、丙酮等）。可用内径约 1 mm、管口平整的毛细管或微量吸管吸取样品液。然后轻轻接触板面，随即抬起，一般多次重复，完成点样。上样量一般为几微克到几十微克，体积为 1～20 μL。另外，在点样的同时，可用冷、热风交替吹干，样点直径要小于 2 mm，样品点应距薄层板下端 2 cm 处。

4. 展层 把点好样的薄层板放入预先饱和的层析缸内，让点样端浸入展层剂中约 0.5 cm 处（切记不能将点样位点浸入展层剂），密闭容器。当展层剂上升到离玻璃板另一边 0.5～1.0 cm 时，停止展层。取出玻璃板并立即划下展层剂的前沿，然后迅速吹干。展层的方式很多，可分为下行式、上行式及卧式等（图 5-4）。

5. 显色 薄层展开后如样品本身有颜色，就可以直接观察到它们的斑点。对无色物质可采用喷雾显色法加以辨认。但要注意，不加黏合剂的薄层要防止被吹散。不同物质的显色方法不同。层析谱也可在紫外光下检测。若样品在紫外光照射下能发出荧光，层析后可直接

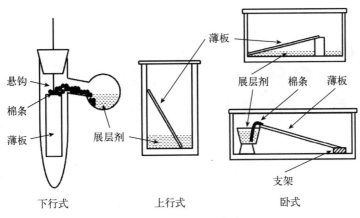

图 5-4 各种展层方式

在紫外光灯下观察其位置。若样品本身在紫外光照射下不显荧光，可采用荧光薄层板检测，即在基质中加入荧光物质或在制好的薄层上喷荧光物质，制成荧光薄层。这样在紫外光下薄层本身显荧光，而样品斑点无荧光，故知其位置。

6. 定性测定　定性测定时，可根据斑点的中心位置计算迁移率（或比移值）（R_f 值）：

$$R_f = \frac{斑点中心到起始线（原点）的距离}{溶剂前沿到起始线（原点）的距离}$$

将各斑点的 R_f 值与已知物的 R_f 值（在相同条件下获得）比较，从而确定物质类型。

第二节　凝胶过滤

凝胶过滤（gel-filtration chromatography）是 20 世纪 60 年代发展起来的一种分离纯化方法，又称为凝胶层析、分子排阻层析、分子筛层析。这种方法操作条件温和，适用于分离不稳定化合物；回收率接近 100%；重复性好；样品用量范围广，分析、制备均适用；完成一次所需时间短，且无需昂贵设备；分子大小彼此相差 25% 的样品，只要通过单一凝胶床即可把它们完全分开。目前这种方法已被生物化学、分子生物学、生物工程等领域广泛采用。

一、凝胶过滤的基本原理

凝胶过滤所用的基质是具有立体网状结构、筛孔直径一致、呈珠状颗粒的物质。含各种组分的样品溶液缓慢流经凝胶层析柱时，各种物质在柱内同时进行着两种不同的运动，即垂直向下运动和无定形的扩散运动。较大的分子由于直径较大，不易进入凝胶颗粒的网眼，只能分布于颗粒间隙中，将毫无阻抗或阻力甚小地随洗脱液洗脱下来。小分子物质除了可在凝胶颗粒间隙中扩散外，还可进入凝胶颗粒的网眼中。当它们从一层凝胶颗粒网眼中扩散出来，又会进入下一层凝胶颗粒内部。如此不断地进入和扩散的结果，必然使小分子物质的下降速度落后于大分子物质，从而使样品中分子大小不同的物质顺序流出柱外而得到分离。从图 5-5 中可以更形象地看到分离过程。即小分子由于扩散作用进入凝胶颗粒内部而被滞留，大分子被排阻在外面，从颗粒之间迅速通过。

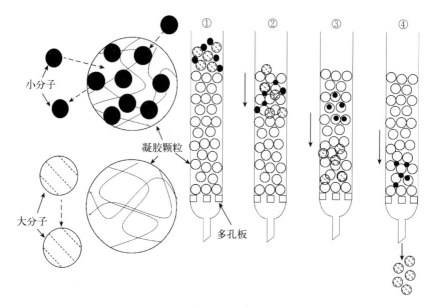

图 5-5　凝胶过滤原理
①样品上柱　②洗脱开始：小分子被滞留，大分子向下移动，大、小分子开始分开
③大、小分子完全分开　④大分子已洗脱出层析柱，小分子尚在层析柱中

由此可知，不同物质通过凝胶颗粒层时，有些完全不进入颗粒，即完全被排阻，有些完全进入颗粒内部，不能被排阻。任何一种被分离物质在凝胶层析柱中被排阻的范围均在 $0\sim100\%$，其排阻程度可以用分配系数 K_d 来表示：

$$K_d=(V_e-V_o)/V_i$$

实际上，由于测定内水体积 V_i 有困难，上式很少使用。经修正，用凝胶颗粒内的总体积 (V_t-V_o) 代替 V_i 来表示 K_d（因凝胶颗粒自身体积 V_g 与 V_t 相比很小，可忽略不计）。此时 K_d 改用 K_{av}，称为可分配系数。

$$K_{av}=(V_e-V_o)/(V_t-V_o)$$

式中：V_e——洗脱体积，mL；

$\qquad V_o$——外水体积，mL；

$\qquad V_t$——凝胶床体积，mL。

上述公式表明，K_{av} 值的大小依赖于 V_t、V_o 和 V_e。在一定条件下，V_t 和 V_o 是恒定的，而 V_e 却随着分子质量的变化而变化，K_{av} 也随之变化。

对于完全被排阻在凝胶颗粒之外的大分子来说，其 $V_e=V_o$，即 $K_{av}=0$。

对于完全能自由出入凝胶颗粒的小分子，其 $V_e=V_t$，此时 $K_{av}=1$。

对于分级范围内的中等大小分子，它们能扩散进入凝胶颗粒内部的有些网眼，而有些网眼则不能，这时 $V_o<V_e<V_t$，K_{av} 总是为 $0\sim1$。

有时会发现 $K_{av}>1$，这表明凝胶对溶质有吸附作用。

K_{av} 可用来预知被分离物质的洗脱顺序。K_{av} 越小，分子所受的排阻越大，在柱中停留时间越短，首先被洗脱出来。K_{av} 越大，在柱中停留时间越长，越后被洗脱出来。

二、常用凝胶过滤材料

常用凝胶过滤材料有很多，且都具备一定的共性，包括：①凝胶基质是化学惰性物质，离子基团含量少；②网眼和颗粒大小均匀，凝胶颗粒和网眼的大小选择范围广，机械强度高。现在最常用的凝胶过滤材料是葡聚糖凝胶、琼脂糖凝胶和聚丙烯酰胺凝胶等。

（一）葡聚糖凝胶

1. 葡聚糖凝胶的结构　葡聚糖凝胶中最著名的是商品名为 Sephadex 的产品。它们是由多个右旋葡萄糖单位通过 1，6-糖苷键联结成链状结构，再由 3-氯-1，2-环氧丙烷作交联剂，将葡萄糖长链联结起来，形成具有多孔网状结构的高分子化合物（图 5-6）。其网孔大小取决于交联剂在葡聚糖凝胶中所占的百分数，即交联度。交联度越大，网孔越小；反之，网孔越大。通过控制交联反应中交联剂的用量，就可以合成不同网孔的各种规格的葡聚糖制品。通常用 G 表示其型号。

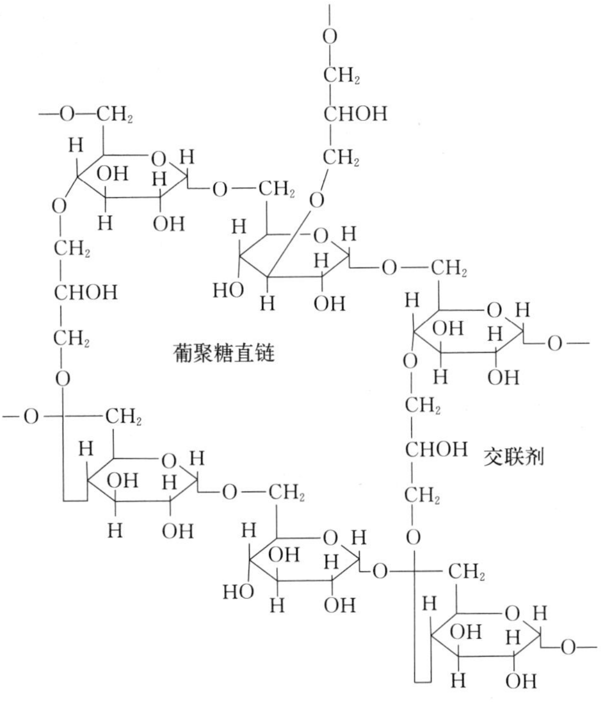

图 5-6　葡聚糖凝胶的结构

2. 葡聚糖凝胶的性质

（1）吸水性　葡聚糖凝胶颗粒带有大量的羟基，亲水性好，在水溶液或电解质溶液中极易溶胀。其吸水量与交联度有关，交联度越大，吸水量越小。

（2）稳定性　葡聚糖凝胶在水溶液、盐溶液、弱酸、碱和有机溶剂中稳定，不溶解，而且很少产生化学降解。在中性条件下，葡聚糖凝胶悬浮液可置高温（120 ℃）中消毒 30 min。但当其暴露于强酸或氧化剂溶液时，容易使糖苷键水解断裂或葡聚糖解聚。另外，葡聚糖凝胶易受微生物侵染，所以室温下长期保存时，应加入适量的防腐剂（如氯仿、叠氮化钠等）。

（3）**吸附性**　葡聚糖凝胶带有羟基，该基团能与待分离物上的带电基团互作，产生吸附作用。这种吸附作用在离子强度大于 0.05 后可被消除，因此进行葡聚糖凝胶过滤时，常用含 NaCl 的缓冲液作洗脱液。

3. 葡聚糖凝胶的型号　葡聚糖凝胶 G 有多种型号，如 G-10、G-25、G-100、G-200 等。G 后面的数字为得水值，为每克干胶吸水体积（mL）再乘以 10。如 G-100，即 1 g G-100 干胶可吸 10 mL 水。得水值主要与交联度有关，交联度越大，凝胶颗粒网眼越小，膨胀度也越小，从而使吸水量越小，所以交联度与得水值成反比。得水值越大，每克干胶完全溶胀后所占的床体积越大。同一种型号的葡聚糖凝胶，又有粗、中、细等不同直径的粒度。粒度越小，分离效果越好，但洗脱时间越长。一般超细颗粒只用于薄层层析。通常柱层析选用 100～200 目颗粒的居多。

葡聚糖凝胶的规格与性质列于表 5-1。

表 5-1　葡聚糖凝胶的规格与性质

型号	颗粒大小/目	分离范围（相对分子质量）		得水值/（mL/g，以干胶计）	膨胀度/（mL/g，以干胶计）	溶胀时间/h		流速/[mL/(cm·h)]
		肽及球蛋白	多糖（线性分子）			20～25 ℃	90～100 ℃	
G-10	100～200	700 以下	700 以下	1.0±0.1	2～3	3	1	
G-15	120～200	1 500 以下	1 500 以下	1.5±0.2	2.5±0.2	3	1	
G-25	粗 50～100 中 100～200 细 200～400 超细＞400	1 000～5 000	100～5 000	2.5±0.2	4～6	3	1	
G-50	粗 50～100 中 100～200 细 200～400 超细＞400	1 500～30 000	500～10 000	5.0±0.3	9～11	6	2	
G-75	中 120～200 超细＞400	3 000～80 000 3 000～70 000	1 000～50 000	7.5±0.5	12～15	24	3	30
G-100	中 120～200 超细＞400	4 000～150 000 4 000～100 000	1 000～100 000	10.0±0.1	15～20	72	5	10
G-150	中 120～200 超细＞400	5 000～300 000 5 000～150 000	1 000～150 000	15.0±1.5	20～30 18～22	72	5	
G-200	中 120～200 超细＞400	5 000～600 000 5 000～250 000	1 000～200 000	20.0±2.0	30～40 20～25	72	5	6.5

不同型号的凝胶作用不同，Sephadex G-10 到 Sephadex G-50 通常用于分离肽或脱盐，Sephadex G-75 到 Sephadex G-200 用于分离蛋白质。

（二）琼脂糖凝胶

琼脂糖凝胶的商品名因厂家不同而异，瑞典为 Sepharose，美国为 Bio-gel A，英国为

Segavac，我国的产品与瑞典产品的名称相同。

制备琼脂糖时，首先要除去琼脂中带电荷的琼脂胶。琼脂糖为 D-半乳糖和 3，6-内醚-L-半乳糖联结成的多糖链。琼脂糖凝胶为集束状琼脂糖通过氢键交联而成的立体网状颗粒。它对尿素和盐酸胍等氢键破坏剂有较强抵抗力，在 pH 4.0～9.0 的缓冲液中稳定。在室温保存时，稳定性好。琼脂糖凝胶在干燥状态下保存时易破裂，故一般存放在含防腐剂的水溶液中，同时避免剧烈搅拌。

同类产品不同型号的琼脂糖各方面性质有所差异。如 Sepharose 2B、Sepharose 4B，分别表示颗粒中琼脂糖含量为 2%、4%。Sepharose 4B 比 Sepharose 2B 机械强度大，但网孔较小。

琼脂糖凝胶的机械强度和筛孔稳定性要比葡聚糖凝胶好。用琼脂糖凝胶层析，流速可以很快。琼脂糖凝胶可以用来分离相对分子质量达几百万的分子和颗粒，因此它们被广泛地用于对病毒、核酸和多糖的研究。

（三）聚丙烯酰胺凝胶

聚丙烯酰胺凝胶的商品名为 Bio-gel（生物胶）。它是由丙烯酰胺（单体）和交联剂甲叉双丙烯酰胺交联聚合而成（有关理论可见聚丙烯酰胺凝胶电泳部分）。改变单体浓度及单体与交联剂的比例，可以得到不同孔径的凝胶。聚丙烯酰胺凝胶的型号由 P-2 到 P-300，P 后面的数字为排阻极限，如 P-2 表示排阻极限为分子质量为 2 000 u 的分子。

聚丙烯酰胺凝胶的特性与葡聚糖凝胶及琼脂糖凝胶十分相似，在 pH 1～10 的缓冲液中稳定，几乎是中性的，并且也有吸水特性。要避免其与强碱长期接触。洗脱液的离子强度要高些，以消除聚丙烯酰胺凝胶对芳香族化合物、酸性化合物和碱性化合物微弱的吸附作用。

三、凝胶过滤的操作

（一）凝胶的选择与处理

1. 凝胶的选择　根据不同的目的选择适当的凝胶。若欲分离物是多聚糖或球蛋白，宜用葡聚糖凝胶；若用于分离核酸、病毒等，宜用琼脂糖凝胶或聚丙烯酰胺凝胶。对于蛋白质来讲，若用于分离分析蛋白质，则用 Sephadex G-75 以上的型号；若用于脱盐，则用 Sephadex G-25 或 Sephadex G-50。

凝胶粒度的选择最好是分离效果好，流速又不至于太慢。一般大直径层析柱可选用粒度小的型号，反之则可用粒度大的型号。

2. 凝胶用量的计算　根据凝胶的膨胀度（每克干胶溶胀后所填充的床体积）、层析柱半径（r）和所需高度（h），按下式可计算干凝胶的用量：

$$干凝胶用量（g）= \frac{\pi r^2 h}{膨胀度}$$

因为凝胶在处理时会有一部分损失，用上式算出的凝胶用量还需增加 10%～20%。

3. 凝胶的处理　干凝胶在使用前必须吸水溶胀。溶胀时将干凝胶置于烧杯中，加入 10 倍的蒸馏水。可用室温溶胀或沸水浴溶胀，溶胀时间见表 5-1。一般用沸水浴溶胀，可节约时间，还能消毒（杀死凝胶中的细菌），排除凝胶内的气泡。但要缓慢加热，以防夹生。

凝胶中存在一些微细颗粒，这些颗粒可能是制造过程中未除净的，也可能是溶液过度激烈搅拌而产生的。这些微细颗粒严重影响柱的流速，必须去除。去除的方法为将溶胀的凝胶悬浮于洗脱液或水中，将此悬浮液倒入量筒中，待有 90%～95% 的凝胶下沉后，迅速将未沉的细小颗粒和上清液抽出。如此反复两次，直至得到纯净凝胶颗粒为止。另外，还需要抽气。将凝胶移入真空瓶中进行抽气，同时轻轻摇动真空瓶，以加快抽气进程。抽气最好在装柱前进行。

（二）凝胶柱的制备

1. 层析柱的选择　层析柱直径应大于 1 cm，以防产生管壁效应，即由于流动分子在柱中心移动慢，沿管壁移动快，而使区带成为凸形的现象。分离小分子物质时，层析柱体积应是样品体积的 4～10 倍。高度与直径比为 （5～15）：1。而分离大分子物质时，层析柱的体积应为样品体积的 25～100 倍，高度与直径比为 （20～100）：1。

另外，在层析柱下方，要选择适当的凝胶床的支持滤板，常用的是尼龙布。因为玻璃烧结板或玻璃棉会割坏凝胶颗粒，产生微细颗粒，造成阻塞。

2. 装柱　将洗净的层析柱垂直固定，柱内先装入洗脱液，以赶走气泡（必要时可用手轻弹柱底部的接管）。也可先将层析柱倒置，出口处插入一根毛细管，用洗瓶从出口处向内注入洗脱液，使气泡从毛细管排出，然后迅速翻转，从上口注入洗脱液。接着在洗脱液流不间断的情况下夹住出口。在层析柱内侧底部铺一块孔径为 38 μm 的圆形尼龙网。此时加入搅拌均匀的凝胶浆液，打开出口，调节流速（如 0.3 mL/min）让凝胶颗粒随溶液下流缓慢均匀地沉降。此间不断补充凝胶浆液，待凝胶浆液加入完毕，关闭出口，让凝胶颗粒下沉 5～10 min。打开出口，让多余的洗脱液流出，使凝胶床面在液面下 5 cm 左右，并在床面上盖一块圆形滤纸或尼龙网。

3. 凝胶柱的检验　新装的凝胶柱用适当的缓冲液平衡后，先观察有无气泡和纹路。如没有，则加入 2 mL 有色溶液（可用蓝色葡聚糖、红色葡聚糖、细胞色素 c、血红蛋白的任意一种配制），观察区带是否整齐且均匀下降。如果区带整齐且下降均匀，说明可以使用，否则必须重装。

（三）上样

上样方法见本章"柱层析的操作"中的"上样"。加样量越少，分辨率越高。有时要求上样量要在保证分离效率的前提下，适当增大。此时的上样量以样品刚能分开为宜。

（四）洗脱

洗脱液的选择以能溶解被洗脱物质，但不对其产生其他非预期作用为原则。一般以单一缓冲液或盐溶液甚至蒸馏水作为洗脱液。

洗脱时流速要严格控制，否则收集的每一部分洗脱体积就不恒定。另外，对于大网眼的凝胶柱，必须保证其静水压（柱头压力）不能超过规定数值，以防这些凝胶被挤压而影响分离效果。流速及静水压（即操作压）的控制通常用恒流泵和恒压瓶实现。静水压的大小是洗脱液面直接与大气接触的两个面的高度差。将出水口接管末端上升或下降，就会使静水压减少或增加。

经洗脱收集到的每管洗脱液，可用一定的方法进行定性、定量测定。纯品可用于进一步研究。

（五）凝胶柱的再生和处理

1. 再生　仅用过一次的凝胶柱，重新平衡后即可使用。但用过多次后，由于床体积变小或污染杂质过多，其正常性能受到影响，必须再生。再生方法是用水逆向冲洗，再用缓冲液平衡即可使用。也可将凝胶倒出，用低浓度酸或碱处理（如在 0.5 mol/L NaOH‐0.5 mol/L NaCl 溶液中浸泡30 min，除去碱液，用水洗至中性），重新装柱即可使用。

2. 脱水处理 凝胶若长期不用，则可将凝胶取出，用低浓度酸或碱短期浸泡，再用水洗至中性，过滤抽干。然后从 50％乙醇溶液开始，每次乙醇浓度增高一些，依次浸泡、抽干，直至乙醇溶液浓度达到 95％。将用 95％乙醇处理过的凝胶过滤抽干，于烘箱中 60～80 ℃烘干，装瓶保存。

四、凝胶过滤法的应用

1. 脱盐 孔径较小的凝胶，可让盐类小分子进入内部，而将大分子排阻在外。通过凝胶过滤可以脱去蛋白质等溶液中的盐类。这种方法脱盐不仅速度快，而且大分子不变性，比透析法更加理想。Sephadex G‐25 常用于脱盐。

2. 浓缩 小孔径的干葡聚糖凝胶可吸水，也可排阻大分子。当把这类干凝胶投入到稀的大分子溶液中时，水分子进入凝胶颗粒内部，大分子被排阻在外。经离心或过滤分离出溶胀的凝胶颗粒后，就得到了浓缩的大分子溶液，并保持 pH、离子强度不变。

3. 分离提纯物质 对分子质量差异较大的生物大分子可以利用凝胶过滤有效分离。

4. 测定蛋白质相对分子质量 K_{av} 与蛋白质相对分子质量间存在线性关系，而 K_{av} 可由洗脱体积求得。因此，将已知相对分子质量的标准物质与被测物质一起上样、洗脱，得到各种物质的洗脱体积，可进一步求得各个 K_{av}。以 K_{av} 为横坐标，以已知物质的相对分子质量的对数为纵坐标，画出标准曲线，从曲线上可查得被测物质的相对分子质量。

5. 去热源物质 热源物质是一类糖蛋白。在制备水解蛋白、核苷酸、酶等注射剂时，常用凝胶过滤法去除热源物质。

五、应用实例

（一）葡聚糖凝胶过滤柱层析法分离纯化淀粉酶

1. 目的 理解凝胶过滤层析的原理；掌握柱层析的操作方法。

2. 原理 凝胶层析是以多孔性凝胶材料为固定相，按分子大小不同而分离样品中各个组分的液相层析方法。分子质量大的分子无法进入凝胶颗粒网状结构内部，它会从凝胶颗粒的间隙里通过，而分子质量小的分子会进入凝胶颗粒网状结构内部，通过凝胶时比大分子走的路径要长，受到凝胶的阻力大，因此小分子流出速度慢，大分子流出速度快，从而将分子质量不同的物质分开。

3. 材料、设备与试剂

（1）材料 透析后的淀粉酶粗酶液。

（2）设备 自动部分收集器、层析柱、三角瓶、滴管、核酸蛋白质检测仪、分析天平、电炉或电磁炉、铁架台、自动记录仪、恒流泵等。

（3）试剂 Tris‐HCl 缓冲液（pH 7.4）、固体 $(NH_4)_2SO_4$ 等。

4. 操作步骤

① 凝胶的处理方法：煮沸法。

② 排除气泡。

③ 装柱（如用 Sephadex G‐50，装柱高度 20 cm 左右）：将层析柱安装好，除去柱子底

部网膜上的气泡，关闭下端的水阀，在柱子中加入 2～3 cm 高的水层，将活化好的凝胶与蒸馏水按照 1∶1 的体积混成悬浮液，将凝胶悬浮液搅拌均匀后灌入层析柱中，凝胶在重力作用下慢慢沉实，当柱子下端沉实 1～2 cm 时，打开水阀，用玻璃板将柱子顶部凝胶搅匀，继续加入凝胶悬浮液，直至凝胶柱沉实到所需高度。凝胶沉实后，注意保持凝胶顶层要一直有溶液，在凝胶顶层加一层滤纸片防止凝胶层被破坏。

④ 平衡：在滤纸片上面添加 1～2 cm 高的水层，接好层析装置，调节流速为 0.5 mL/min，先用 2 倍体积蒸馏水平衡洗脱，然后用 Tris - HCl 缓冲液平衡洗涤，直至检测曲线走平为止。

⑤ 上样：平衡过程结束后，将柱子打开，让凝胶柱面上的溶液自然流出，当滤纸面水层刚刚没有时，用滴管吸取透析好的样品（1～2 mL），加在柱床面上，等样品进入凝胶后，再加 3～4 cm 高的缓冲液，接好洗脱装置。

⑥ 洗脱：用缓冲液进行洗脱，控制流速为 0.5 mL/min，用部分收集器收集洗脱液，紫外检测器绘制洗脱曲线。

⑦ 鉴定：对洗脱峰可以进一步进行 SDS - PAGE 电泳鉴定。

5. 实验结果与分析　绘制洗脱曲线，分析洗脱峰。

（二）凝胶过滤柱层析法测定蛋白质相对分子质量

1. 目的　理解凝胶过滤柱层析法测定蛋白质相对分子质量的原理；掌握柱层析的操作方法。

2. 原理　由于蓝色葡聚糖是被凝胶颗粒完全排阻的，所以它的洗脱体积就是外水体积（V_0）。各蛋白质的洗脱体积（V_e）与外水体积（V_0）之比（V_e/V_0）和蛋白质的相对分子质量（M_r）的对数有线性关系。因此可利用一系列已知相对分子质量的标准蛋白质，通过凝胶过滤，测得各自的 V_e 值。然后以 V_e/V_0 对 $\lg M_r$ 作图，得到标准曲线。未知蛋白质通过凝胶过滤后，则可据其 V_e 值从标准曲线上查得其 $\lg M_r$，从而计算其相对分子质量（图 5 - 7）。

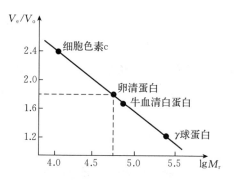

图 5 - 7　洗脱特征与相对分子质量的关系

3. 材料、设备与试剂

（1）材料　提纯的未知蛋白质样品。

（2）设备　自动部分收集器、层析柱（2 cm×60 cm）、三角瓶（250 mL）、滴管、台秤、分析天平、抽滤装置等。

（3）试剂

① Sephadex G - 25。

② Sephadex G - 200。

③ 0.05 mol/L Tris - HCl（pH 7.5）缓冲液。

④ 用 0.05 mol/L Tris - HCl（pH 7.5）缓冲液配制的各种标准蛋白质溶液（浓度为 3 mg/mL）。

⑤ 5 mg/mL 蓝色葡聚糖。

4. 操作步骤

（1）凝胶处理　称取 4.5 g Sephadex G - 200，放入 250 mL 锥形瓶中，加 150 mL 蒸馏

水，沸水浴5 h，冷至室温装柱。

（2）装柱　将处理好的凝胶悬浮液一次连续倾入柱内，自然沉降。装胶高50 cm左右。注意不要有气泡，不能分层。用0.05 mol/L Tris－HCl（pH 7.5）缓冲液平衡（约200 mL），然后在胶面上加1 cm的硬胶Sephadex G－25。

（3）上样　将蓝色葡聚糖和各种标准蛋白质配好后，上样0.5 mL，样品上样0.5 mL，分别洗脱，比色测定洗脱峰。

（4）洗脱　用0.05 mol/L Tris－HCl（pH 7.5）缓冲液洗脱，流速0.5 mL/min。自动部分收集器收集，2 mL/管，测定吸光度，确定洗脱体积。蓝色葡聚糖、卵清蛋白、γ球蛋白、牛血清白蛋白、细胞色素c分别在波长610 nm、230 nm、230 nm、230 nm和410 nm下测定吸光度。未知样品在波长230 nm下测定吸光度。

5. 实验结果　列出外水体积V_o及各种标准蛋白质的洗脱体积V_e，并以V_e/V_o对$\lg M_r$作图，列出样品的洗脱体积，从图上计算得出其相对分子质量。

第三节　分配层析

一、分配层析的基本原理

当把一种物质在互不相溶的两相M和S中振荡时，它将以不同程度溶解于M和S中。当在一定温度和压力下，物质在两相中达到平衡时，这种物质在溶剂M和S中的浓度比值是一个常数，这个常数称为分配系数（α）。

$$\alpha = \frac{物质在溶剂 M 中的浓度}{物质在溶剂 S 中的浓度}$$

溶剂S一般指有机溶剂；溶剂M一般指极性溶剂，常为水。

分配层析（partition chromatography）是利用混合物中各组分分配系数的差异而进行分离的方法。在分配层析中常用的支持物是滤纸、淀粉、纤维素、无活性的硅胶等物质。固定相通常是结合于支持物上的极性溶剂，常用水；流动相通常是结合于支持物上的非极性有机溶剂。

分配层析的基本原理可进行如下解析：在层析过程中，当流动相沿支持物向前移动极小距离时，一部分溶质随流动相稍离开原点而与新的固定相接触。这些溶质就要在两相间按分配系数进行分配并建立平衡；尚未离开原点存在于固定相中的物质，遇到了新流过的流动相，也要按分配系数进行再分配并建立平衡。当流动相向前移动时，又会发生类似的再分配和再平衡。如此经过无数次的物质分配、平衡的建立和破坏，物质就随流动相向前移动。由于样品中各组分在相同条件下具有不同的分配系数，因而随流动相移动的快慢就有差异，这样不同的组分就得到了分离。

被分离物质的α值相差越大，分离效果越好。并且从α值的大小，还可知物质分离后的相对位置。α值越大，说明某种物质在流动相中的浓度越小，也即随流动相走的距离越短，反之α值越小，则离原点距离越远。

物质分离后在图谱上的位置，可用迁移率R_f表示。R_f值决定于物质的分配系数和两相间的体积比，由于后者在同一实验条件下是一致的，所以R_f值的主要决定因素是分配系数。但是R_f值不是常数，条件不同，R_f值不同。因此只有在相同条件下，用R_f值比较才有意义。因此，标准样要和样品在相同条件下操作。

二、影响迁移率的因素

由上可知，迁移率主要决定于分配系数，所以凡影响分配系数的因素都会影响迁移率。

1. 待分离物质的性质 根据相似相溶原则可知，极性物质易进入极性溶剂中，非极性物质易进入非极性溶剂中。所以物质极性大小，决定了分配系数。由于非极性物质的分配系数小于极性物质，其 R_f 值必然大于极性物质的 R_f 值。例如，中性氨基酸极性小于酸、碱性氨基酸，中性氨基酸分配在水中的比例小于有机相，分配系数小，R_f 值偏大。此外，分子的极性基团不变，碳链延长，整个分子的极性就降低，R_f 值相应也随之减小。例如亮氨酸的 R_f 值要小于缬氨酸。

2. 滤纸 层析时所用滤纸需要质地均匀、厚薄适当、紧密，有一定的机械强度，含杂质较少。目前，不同品牌有专用的层析滤纸。滤纸中如含有 Ca^{2+}、Mg^{2+}、Cu^{2+}、Fe^{2+} 等金属离子，能与氨基酸形成络合物，使斑点出现阴影。可用稀酸如 $0.01\sim0.4$ mol/L HCl 或金属螯合剂（EDTA）洗涤滤纸除去。同一种氨基酸在不同的滤纸上层析，其 R_f 值会有变化。

3. 层析时溶剂的性质及组成 选择溶剂及溶剂系统时，应使被分离物质在适当的 R_f 值范围内（$0.05\sim0.85$），并且不同物质的 R_f 值之差至少是 0.05 才能被彼此分开。

4. 溶剂和样品的 pH 层析溶剂、样品和滤纸的 pH 都影响 R_f 值。溶剂系统的 pH 会影响物质极性基团的解离形式，进而影响其极性，导致 R_f 值的变化。例如，酸性氨基酸在酸性溶剂中所带的净电荷要比在碱性中少，因此，酸性条件下的 R_f 值比碱性环境中大。

溶剂 pH 还会影响有机溶剂（流动相）的含水量。偏酸或偏碱都会使有机溶剂的含水量增加。对于极性物质来讲，有机溶剂含水量增多时，R_f 值会升高。若 pH 不适当，可使同种物质有不同的解离形式，其 R_f 值也会波动，导致层析后呈带状图谱。因此，可使用缓冲液处理层析溶剂，并且层析缸内空气和层析滤纸一定要用层析溶剂充分饱和后再开始层析操作，使图谱上被分离的物质呈圆点状。

5. 温度和层析时间 温度不仅影响物质在溶剂中的分配系数，而且影响溶剂的分配比和纤维素的水合作用。温度变化对 R_f 值影响很大，同一种物质在不同的温度下（其他条件相同）R_f 值不同。所以层析时最好在恒温室内进行。当其他条件相同时，层析的时间不同，R_f 值也不相同。时间越短，R_f 值越低。

6. 层析展开的方式 层析展开的方式按展层方向分为上行式、下行式和卧式。展层方向不同，R_f 值也不同。上行式，R_f 值较小；下行式，R_f 值较大；卧式，R_f 值也较小。

7. 其他因素 其他诸多因素也会影响 R_f 值，如样品中盐分及其他杂质会影响 R_f 值；点样过大，会影响分离效果。

总之，影响 R_f 值的因素很多，层析时只有把这些因素控制在相同条件时，才能用 R_f 值对待分离物质进行定性分析。

三、应用实例

（一）纸层析分离氨基酸

1. 目的 掌握分配纸层析原理及其应用范围；掌握纸层析的操作方法。

2. 原理 纸层析法（paper chromatography）是用滤纸作为惰性支持物的分配层析法，利用样品在两种互不相溶的溶剂中分配系数的不同达到分离的目的。纸层析所用展层体系大多由水和有机溶剂组成。水分子与滤纸纤维结合，变成结合水，展层时，作为固定相；有机溶剂与滤纸纤维亲和力弱，为流动相。由于样品中各种氨基酸侧链结构不同，其极性也不同，在两相中分配系数各不相同，所以不同的氨基酸随流动相移动的速度也不相同。最后各种氨基酸在滤纸上逐步分离，形成距原点不等的层析斑点。

3. 材料、设备与试剂

（1）材料　氨基酸混合液（以 3 种 0.01 mol/L 的氨基酸标准溶液各 2 mL 混匀制成）。

（2）设备　试剂瓶、容量瓶、量筒、层析滤纸、直尺与铅笔、毛细管、带绳回形针、层析缸、喷雾器、电吹风、烘箱、天平、通风橱等。

（3）试剂

① 10％异丙醇：量取 10 mL 异丙醇，于 100 mL 的容量瓶中用蒸馏水定容。

② 0.01 mol/L 的氨基酸标准溶液：

赖氨酸标准溶液：称取赖氨酸标准品 0.014 6 g，溶于 10 mL 10％异丙醇中。

谷氨酸标准溶液：称取谷氨酸标准品 0.014 7 g，溶于 10 mL 10％异丙醇中。

脯氨酸标准溶液：称取脯氨酸标准品 0.011 5 g，溶于 10 mL 10％异丙醇中。

苯丙氨酸标准溶液：称取苯丙氨酸标准品 0.016 5 g，溶于 10 mL 10％异丙醇中。

③ 展层剂：正丁醇-乙酸-蒸馏水（4＋1＋5）（200 mL/缸，现用现配，充分混匀后，静止分层，取上层溶液用于层析）。

④ 0.25％的茚三酮显色液：称取 2.5 g 茚三酮，溶于 1 L 丙酮中。

4. 操作步骤

（1）滤纸的准备　裁剪 10 cm×15 cm 的层析滤纸一张，在底端 2 cm 处用铅笔与直尺画一横线，并均分为 5 个点，记作 4 种氨基酸及氨基酸混合液的点样位置。切忌将两边的两个原点太靠近滤纸边缘。在操作过程中应戴上乳胶手套（或仅接触滤纸边缘），以避免污染滤纸。

（2）点样　取毛细管在每个点样处精确点样，其直径以 2~4 mm 为宜，点 2~3 次为佳。注意，请在每一滴样品干后，再滴第二次。待测氨基酸混合液一般放在最左端或最右端。

（3）层析　向层析缸中倒入展层剂，液层约厚 1.5 cm。将点好样的滤纸用带绳回形针固定，垂直悬挂于层析缸中，注意点样端朝下。盖好盖子，并将线压好、固定。注意，在点样点不浸入液面下边的情况下，尽可能往下放，而且三线（点样线、液面、滤纸底边线）平行；滤纸四面不贴层析缸壁。当溶剂上升至离滤纸顶端约 2/3 时，取出滤纸并用铅笔描出溶剂前沿。然后，在通风橱中用电吹风将其吹干。

（4）显色　先将层析滤纸放在盛有 0.25％茚三酮显色液的培养皿中浸润（或用喷雾器喷湿）。然后用电吹风吹干，在 60~100 ℃的烘箱中放置 5~10 min，即能显出各种氨基酸的色斑。

5. 结果处理

① 测量每个氨基酸斑点至原点的距离。尽可能找到氨基酸斑点中心位点，将其与原点相连，该直线距离为氨基酸迁移距离（y）。测量溶剂前沿与点样线之间的直线距离，为溶剂迁移距离（x）。分别计算每个氨基酸的 R_f 值（y/x）。

② 将氨基酸混合液中各斑点的 R_f 值和标准样品比较，判断混合样品的组成。

（二）转氨酶活性鉴定

1. 目的　熟悉纸层析法分离和鉴定生物分子的原理和操作方法；掌握转氨基作用和转氨基反应及其鉴定的方法；了解氨基酸移换作用在中间代谢中的意义。

2. 原理　转氨酶是生物体氮代谢的重要酶类，动物肝中和豆类植物萌发种子中存在着丰富的转氨酶。转氨酶催化 α-氨基酸的 α-氨基与 α-酮酸的 α-酮基互换，在氨基酸的合成和分解、尿素和嘌呤的合成等中间代谢过程中有重要作用。生物组织中转氨酶种类甚多，其中以谷氨酸-丙酮酸转氨酶（谷丙转氨酶）和谷氨酸-草酰乙酸转氨酶（谷草转氨酶）的活性最强。

通过转氨基作用形成的氨基酸可通过纸层析法检测。氨基酸的纸层析属于分配层析，滤纸为支持介质，滤纸上所吸附的水为固定相，有机溶剂为流动相。把混合氨基酸样品点于滤纸上，使流动相经样品点移动，混合氨基酸在两相溶剂间进行分配，在固定相中分配比例较大的氨基酸，随流动相移动的速度慢；在流动相中分配比例较大的氨基酸，随流动相移动的速度快。由于各种氨基酸的分配系数不同，在一定时间内，逐渐集中于滤纸上不同的部位，彼此分离。层析完毕后显色，使氨基酸显色形成斑点。

由于各种氨基酸都有其迁移率（R_f 值），因此可根据 R_f 值来鉴定被分离的氨基酸。

3. 材料、设备与试剂

（1）材料　新鲜兔肝。

（2）设备　层析滤纸、尺子、铅笔、培养皿、毛细管、电吹风、恒温水浴锅、电炉、微量加液器等。

（3）试剂

① 展层剂：取新鲜蒸馏无色苯酚（水饱和苯酚）两份，加蒸馏水 1 份，放入分液漏斗中剧烈振荡后，静置 7～10 h。待完全分层后，取下层苯酚保存于棕色瓶中待用。

② 其他试剂：0.1 mol/L 丙氨酸标准溶液、0.1 mol/L 谷氨酸标准溶液、0.1 mol/L α-酮戊二酸标准溶液、0.1 mol/L 磷酸盐缓冲液（pH 7.4）、0.3%（质量体积分数）茚三酮的丙酮溶液等。

4. 操作步骤

（1）酶液的制备　将新鲜兔肝在低温下剪碎备用。

（2）酶促反应　取 4 支干净试管编号，按表 5-2 分别加入试剂和酶液，摇匀。其中，4号管为对照，先在沸水中煮沸 10 min。然后将 4 支试管全部放在 37 ℃ 水浴中保温 30 min。取出后，将 1、2、3 号管放在沸水浴中加热 10 min 终止酶促反应。

表 5-2　转氨酶活性的测定

试管号	0.1 mol/L 丙氨酸/mL	0.1 mol/L α-酮戊二酸/mL	0.1 mol/L 磷酸盐缓冲液/mL	兔肝/g
1	1	1	0	1
2	0	1	1	1
3	1	0	1	1
4	1	1	0	1

（3）点样　取直径为 15 cm 的圆形层析滤纸一张，在圆心处用圆规画直径为 2 cm 的同

心圆，并通过圆心将滤纸画成 6 等份的扇形，等距离确定 6 个点。分别用毛细管蘸取反应液及谷氨酸、丙氨酸标准溶液点于相应的点上，每点一次立即用冷风吹干，使样品斑点直径控制在 2～2.5 mm。标准溶液点 2 次，反应液点 2～3 次。

（4）**展层**　在层析缸中放一直径为 5 cm 的培养皿，注入展层剂，将点好样的滤纸插上灯芯平放在盛有展层剂的培养皿上，使灯芯向下，接触展层剂，此时展层剂经过灯芯上升到滤纸上向四周扩散，待展层剂前沿上升至距滤纸上沿约 1 cm 处时取出滤纸（约需 1 h），用镊子拔去灯芯，用热风吹干滤纸。

（5）**显色**　将吹干的滤纸沿展层剂扩散区域均匀地喷上 0.3% 茚三酮的丙酮溶液，再用热风吹干滤纸，用铅笔标出滤纸上出现的各种氨基酸的斑点。

5. 结果处理　测量点样原点到各氨基酸层析斑点中心的距离，计算各氨基酸的 R_f 值；依据层析图鉴定 α-酮戊二酸和丙氨酸是否发生了转氨基反应。

6. 注意事项

① 展层剂应该现配，并充分摇匀。

② 点样量不可过多，点样过程中应注意不要造成滤纸污染（手和唾液都含有氨基酸）。

③ 点样线不能浸入展层剂，层析缸应密封，防止展层剂挥发。

第四节　吸附层析

一、吸附层析的基本原理

凡能将液体（或气体）中某些物质浓集于其表面的固体物质，称为吸附剂。吸附层析（adsorption chromatography）主要是利用吸附剂对不同物质吸附力的差异使混合物分离的方法。吸附是个可逆过程，物质既能被吸附，同时也伴随着部分已被吸附的物质从吸附剂上脱离下来的现象（解吸附）。在一定条件下，这种吸附和解吸附之间可形成动态平衡，即吸附平衡。达到平衡时，在吸附剂表面吸附物质量的多少，决定于吸附剂对该物质的吸附能力。

此外，吸附剂吸附能力的强弱，还和周围溶液的成分有密切关系。当改变吸附剂周围溶液的成分时，吸附剂的吸附能力即可发生变化。一般情况下，通过改变溶液成分，使被吸附物质从吸附剂上解吸附的过程称为洗脱或展层。

当样品中的物质被吸附剂吸附后，用适当的洗脱液（流动相）洗脱，使被吸附的物质解吸附下来，随洗脱液向前移动。这些刚刚解吸附的物质向前移动，又会遇到前面新的吸附剂而再次被吸附。接着，再次被后来的洗脱液解吸附，继续向前移动。经过这样反复的吸附—解吸附—再吸附—再解吸附的过程，物质就可以不断向前移动。由于吸附剂对样品中各组分的吸附能力不同，它们在洗脱液的冲洗下，移动的速度也就不同，因而能逐渐分离开来。

二、吸附剂

1. 吸附原理　吸附剂之所以可以吸附其他物质，是因为吸附剂内部的分子与表面的分子吸引力不同。处于吸附剂内部的分子，分子间相互作用力是平衡的。处于表面的分子，所受的力是不对称的，它向内一面受内部分子作用力大，表面层所受的作用力小。当其他分子到吸附剂表面时，受这种剩余力的影响而被吸附。因此，吸附剂表面积越大，其吸附力越强。由此可见，吸附剂的吸附力既与物质的性质有关，又与其表面积有关。

2. 吸附剂的选择 吸附剂的选择是吸附层析中的关键环节。选择适当与否，直接影响到分离是否能顺利进行。一般来说，吸附剂的基本要求是：①具有较大的吸附表面积和一定的吸附能力，同时对待分离的物质应有不同的吸附力，即有较高的分辨率；②与展层剂或洗脱液及样品中各组分不起化学反应，并且不溶于这些试剂；③吸附剂颗粒要大小适宜、粒度均匀，用于柱层析的吸附剂还要有一定的机械强度，在操作过程中不会碎裂。

3. 吸附剂的预处理 许多吸附剂可不经处理就直接应用，但也有些吸附剂需要进行处理。对于粒度不均匀的颗粒，一般要提前过筛，从而获得较均匀的颗粒。对于有杂质的颗粒，可用有机溶剂如甲醇、乙醇等浸泡处理或提取除去。有些吸附剂可用沸水处理，洗去酸碱性使之呈中性。有些吸附剂需要热处理活化，以除去或保持一定的含水量，提高层析分离效果。

4. 常用的吸附剂 吸附剂的种类很多，无机吸附剂有氧化铝、活性炭、硅胶和一些金属盐，有机吸附剂有纤维素、蔗糖、淀粉等，天然吸附剂有滑石、陶土、黏土等。常用的吸附剂如下：

（1）氧化铝 氧化铝的应用较广泛，属强吸附剂，层析用氧化铝粒径为 $75\sim150~\mu m$。市售氧化铝分为中性、酸性、碱性 3 种。中性氧化铝应用范围较广，酸性氧化铝主要用于酸性物质的分离，碱性氧化铝多用于碱性和对酸敏感的物质的分离。

氧化铝活化的方法是，将氧化铝置于铝质盘内，厚度在 3 cm 以下，于高温炉中 400 ℃加温 6 h。氧化铝再生的方法是，先用水洗去无机盐和水溶性杂质（必要时可用甲醇洗），然后高温烘烤至白色。

（2）硅胶 硅胶是多孔的表面含有很多硅醇基团（—Si—OH）的颗粒状吸附剂。其吸附能力比氧化铝弱，适用于亲脂性物质和极性物质的分离，应用范围比氧化铝广。硅胶还有多种类型，如硅胶 H 通常就是纯硅胶，没有黏附剂，黏性差，但可用于腐蚀性显色法；硅胶 G 含有煅石膏和淀粉，黏性好；硅胶 CMC 含有适量羧甲基纤维素；硅胶 HF254 和 GF254 均含有荧光剂。

硅胶的活化是将硅胶置于 110 ℃烘箱中烘烤 1 h。另外，活化后的硅胶应立即使用，若当时不用，可短期贮存于干燥器中。

（3）活性炭 活性炭主要用于分离水溶性物质。它在水溶液中的吸附作用最强，分离效果较好。活性炭对气体的吸附力和吸附量都很大，吸附气体后，会使其活力降低。处理办法为，在使用前 100 ℃下干燥 1 h。另外，活性炭中还会有各种金属离子。除去它们的办法是，加入 $2\sim3~mol/L$ 的盐酸，水浴加热 30 min，减压滤干，再以蒸馏水洗至 pH $5\sim6$，滤干，在 150 ℃干燥 8 h 备用。

三、洗脱液

洗脱液是柱层析中的流动相，在薄层层析中称为展层剂。通常它是溶解样品和平衡固定相的溶剂。合适的洗脱液应符合下列条件：①纯度较高；②不与吸附剂或样品中的组分起化学反应；③能完全、迅速地洗脱下所分离的成分；④黏度小、易流动；⑤易和所需要的成分分开。

要使分离达到较好效果，在符合上述条件的前提下，在选择洗脱液时还要考虑被分离物质的极性、吸附剂的性能和洗脱液的极性。

一般情况下，被分离物质的极性、吸附剂的吸附性均已固定。所以主要问题是如何选择极性不同的洗脱液。常用的洗脱液的极性递增次序为：石油醚＜环己烷＜四氯化碳＜苯＜甲苯＜乙醚＜氯仿＜乙酸乙酯＜正丁醇＜丙酮＜乙醇＜甲醇＜水。

四、应用实例——植物组织中可溶性糖的硅胶 G 薄层层析

1. 目的 学习提取植物材料中可溶性糖的一般方法；掌握吸附薄层层析的原理、操作及其在糖类鉴定中的应用。

2. 原理 糖类是自然界存在数量最多的有机化合物，它既是植物体和细胞的结构成分，又是生命活动能量的主要来源，并且与植物体内各类物质的代谢密切相关。分离鉴定植物组织中可溶性糖的种类及其变化，对了解植物体内的组织代谢和农产品的品质具有重要意义。

植物组织中的可溶性糖可用一定浓度的乙醇提取出来。经去杂质工序，除去糖提取液中的蛋白质等干扰物质，获得较纯的可溶性糖混合液。

本实验采用硅胶 G 薄层层析法，分离鉴定植物组织中可溶性糖的种类。糖为多羟基化合物，具有较强的极性，在硅胶 G 薄层上展层时，与硅胶分子间有一定的吸附力。各种糖的羟基多少不同，造成吸附力的差异，糖的吸附力大小顺序为：三糖＞二糖＞己糖＞戊糖。根据吸附层析原理，极性不同的糖在硅胶 G 薄层上展层时，具有不同的 R_f 值。极性越大，R_f 值越小。通过与已知标准糖的 R_f 值比较，可鉴定植物样品提取液中糖的种类。

3. 材料、设备与试剂

（1）**材料** 苹果或其他植物材料。

（2）**设备** 离心机及大离心管、台秤、研钵、蒸发皿、恒温水浴锅、微量点样器或毛细管、层析缸、电吹风、玻璃板（15 cm×7 cm）、涂布器、烘箱、喷雾器等。

（3）**试剂**

① 1％标准糖溶液（10 mg/mL）：分别配制 1％的木糖、果糖、葡萄糖、蔗糖标准溶液。

② 苯胺-二苯胺-磷酸显色剂：取 2 g 二苯胺，加 2 mL 苯胺、10 mL 85％磷酸、1 mL 浓 HCl、100 mL 丙酮，溶解后摇匀。

③ 展层剂：氯仿-冰乙酸-水（30＋35＋5，体积比）。

④ 其他试剂：95％乙醇、85％乙醇、10％中性醋酸铅、饱和硫酸钠、氯仿、冰乙酸等。

4. 操作步骤

（1）**硅胶 G 薄板的制备** 称取硅胶 G 粉 3 g，加 0.1 mol/L 硼酸溶液 9 mL，于研钵中充分研磨。待硅胶 G 开始变稠时，倾入涂布器中，可铺 7 cm×15 cm 薄板两块。铺层后的薄板放在 120 ℃烘箱中烘干（30 min），取出后放在干燥器中备用。也可在室温下风干过夜，用前于 110 ℃烘箱中活化 1 h 使用。

（2）**苹果中可溶性糖提取液的制备** 取洗净的苹果，削皮，称 10 g 果肉。先在研钵中将果肉磨成匀浆，用 20 mL 95％乙醇分数次洗入大离心管中，浸提 30 min，以 3 000 r/min 离心 10 min。上清液倾入另一大离心管中，残渣加 5 mL 80％乙醇洗涤，离心，取上清液。合并上清液，于 70 ℃水浴上预热上清液。趁热逐滴加入 10％中性醋酸铅溶液，以沉淀蛋白质。然后再逐滴加入饱和硫酸钠沉淀多余的铅。以 3 000 r/min 离心 10 min，倾出上清液，于 70 ℃水浴上蒸干。析出物质以 2 mL 蒸馏水溶解，即得糖抽提液。如果蛋白质含量不高，也可省去此步骤，但要通过预试决定。

（3）**苹果提取液中可溶性糖的分离鉴定** 取活化过的硅胶 G 薄板一块，在距离底边 1.5 cm 水平线上确定 5 个点，相互间隔 1 cm。其中，4 个点分别上样 1％的木糖、葡萄糖、

果糖和蔗糖标准溶液各 3 μL 或适量。剩余一个点上样品糖抽提液 2～6 μL 或适量。上样斑点直径以不超过 3 mm 为宜。以氯仿-冰乙酸-水（30＋35＋5，体积比）为展层剂上行展层。当展层剂前沿距薄板顶端 1 cm 处，停止层析。取出薄板，在通风橱内用电吹风吹干。然后，以苯胺-二苯胺-磷酸均匀喷雾。将薄板置于 85 ℃烘箱 10～20 min，各种糖即显示出不同颜色。与标准糖比较，根据色斑颜色及 R_f 值即可鉴定出苹果提取液中所存在的可溶性糖类。

5. 结果

① 测定数据，并计算 R_f 值。

② 鉴定样品中主要糖分类型。

③ 拍照或绘图记录层析图谱。

6. 注意事项

① 点样时，要注意点样点不能太大；操作时，应待第一次点样风干后，再在原点样点上继续点样，少量多次点样。

② 每个点样点不宜距离太近，点样点不宜靠近硅胶薄板边缘，注意边缘效应。

③ 放置硅胶薄板时，不能碰着层析缸的内壁。

④ 在用多元系统进行展层时，其中极性较弱的和沸点较低的溶剂（如氯仿-甲醇系统中的氯仿）在薄层板的两边易挥发，因此，它们在薄层两边浓度比在中部的浓度小，也就是说极性较大或沸点较高的溶剂在薄层的两边比中部的浓度大，于是位于薄层两边的 R_f 值要比中间的 R_f 值高，即边缘效应。为减轻或消除边缘效应，可先将展层剂倒入层析缸中，使层析缸内溶剂蒸汽的饱和程度增加。

第五节　离子交换层析

离子交换层析，是利用离子交换剂对混合物中各个组分离子结合力（静电引力）的差异而分离的方法。这种层析方法以离子交换剂为固定相，以具有一定 pH 和离子强度的电解质溶液为流动相。离子交换层析已广泛应用于许多物质（如氨基酸、核苷酸、蛋白质、糖类等）的分析、制备、纯化等。

一、离子交换层析的基本原理

离子交换剂是由载体、电荷基团、平衡离子（反离子）构成的。载体都是化学惰性、不溶性的物质。电荷基团是离子交换剂的功能基团，它以共价键与载体相结合。若电荷基团带正电荷，则称这种交换剂为阴离子交换剂；若电荷基团带负电，则称这种交换剂为阳离子交换剂。交换剂的电荷基团以静电引力结合着与其电荷相反的离子，称为平衡离子。离子交换剂对各种离子和离子化合物的亲和力不同，所以可以把不同离子物质分开。其分离过程如下：

首先，将样品加进交换剂，使其充分接触。样品中与平衡离子有相同电荷的离子与平衡离子发生交换，从而与电荷基团以静电引力结合。不带电荷分子及与平衡离子带相反电荷的离子不能与离子交换剂结合，而直接被洗掉。

接着是用洗脱液将与交换剂结合的离子洗脱。由于交换剂与不同离子亲和力不同，所以洗脱时，先把与交换剂结合弱的离子洗下来，最后再把与交换剂结合强的离子洗下来，从而使不同离子得以分离。交换剂可以用再生的方法重新结合上平衡离子。离子交换层析的整个过程可用图 5-8 表示。

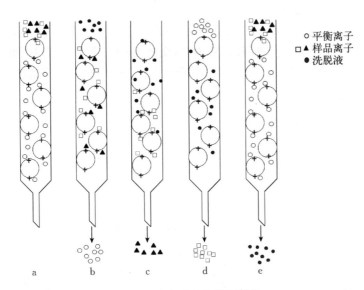

图 5-8　离子交换层析原理

a. 加样　b. 交换：样品离子与平衡离子交换　c、d. 洗脱：用梯度洗脱液，先洗下结合弱的离子，再洗下结合强的离子
e. 再生：交换剂重新结合平衡离子

对于呈两性离子的蛋白质、核苷酸等物质，其亲和力主要决定于它们的理化性质和一定pH 条件下呈现的离子状态。当 pH 低于等电点时，带正电荷；当 pH 高于等电点时，带负电荷；pH 离等电点越远，带电荷量越大，它们与交换剂的结合力越强。

二、离子交换剂

（一）离子交换剂的分类

根据离子交换剂的结构，离子交换剂可分为树脂型和多糖型，前者又称为离子交换树脂。

1. 离子交换树脂　离子交换树脂是因这类交换剂的载体是一种人工合成的、与水亲和力较小的树脂物质而得名。常用的离子交换树脂是由苯乙烯和适量的二乙烯苯聚合成的聚苯乙烯型树脂。二乙烯苯是交联剂，它能把聚苯乙烯直链化合物以交叉连接的方式连接成立体网状的结构。网孔大小在 $300\sim850~\mu m$。整体呈球状。

苯乙烯　　　二乙烯苯　　　　　　　聚苯乙烯

将不同的电荷基团引入到苯环上，形成不同类型的离子交换树脂。离子交换树脂可分为阳离子交换树脂和阴离子交换树脂。

阳离子交换树脂，是在苯环上引入了负电荷基团，其平衡离子带正电荷，所以这种交换剂可以和溶液中的带正电荷化合物或阳离子进行交换反应。阳离子交换树脂可分为强酸型、中强酸型和弱酸型 3 类。强酸型带有磺酸基团（$R—SO_3H$），中强酸型带有磷酸基团（$R—PO_3H_2$），弱酸型带有羧基或酚基（$R—COOH$ 或 $R—\langle\!\!\!\bigcirc\!\!\!\rangle—OH$ ）。

这些交换剂在交换时反应如下：

强酸型：$R—SO_3^- H^+ + Na^+ \rightleftharpoons R—SO_3^- Na^+ + H^+$

中强酸型：
$$R—\overset{\displaystyle O}{\underset{\displaystyle OH}{\overset{\|}{P}}}—OH + Na^+ \rightleftharpoons R—\overset{\displaystyle O}{\underset{\displaystyle OH}{\overset{\|}{P}}}—ONa + H^+$$

弱酸型：$R—COOH + Na^+ \rightleftharpoons R—COONa + H^+$

阴离子交换树脂，是在苯环上引入了正电荷基团，其平衡离子带负电荷，所以这种交换剂可以和溶液中的带负电荷化合物或阴离子进行交换反应。阴离子交换树脂可分为强碱型［引入季铵基团—$N^+(CH_3)_3$］、中强碱型（引入强碱性基团和弱碱性基团）、弱碱型［引入叔胺基团—$N(CH_3)_2$、仲胺基团—$NHCH_3$ 或伯胺基团—NH_2］。这些交换剂交换时反应如下：

强碱型：$R—N(CH_3)_3OH^- + Cl^- \rightleftharpoons R—N(CH_3)_3Cl^- + OH^-$

弱碱型：$R—N(CH_3)_2 + H_2O \rightleftharpoons R—N(CH_3)_2H \cdot OH^-$

$R—N(CH_3)_2H \cdot OH^- + Cl^- \rightleftharpoons R—N(CH_3)_2H \cdot Cl^- + OH^-$

2. 多糖型离子交换剂　这类离子交换剂的载体是一类天然或人工合成的、与水有较大亲和力的多糖及其衍生物，常用的有纤维素离子交换剂和交联葡聚糖离子交换剂。

纤维素离子交换剂是以微晶纤维素为载体引入电荷基团构成的。根据引入基团所带的电荷，纤维素离子交换剂可分为阴离子交换剂和阳离子交换剂。每一类交换剂又可分为强、中强和弱 3 种类型。较常用的有引入磷酸基团（$—PO_3H_2$）的磷酸纤维素（P-纤维素，强酸型）、引入二乙基胺乙基［$—CH_2—CH_2—N(C_2H_2)_2$］的二乙基胺乙基纤维素（DEAE-纤维素，弱碱型）、引入羧甲基（$—CH_2—COO^- H^+$）的羧甲基纤维素（CM-纤维素，弱酸型）。

交联葡聚糖离子交换剂是以交联葡聚糖 G-25 和 G-50（Sephadex G-25 和 G-50）为基质引入电荷基团构成的。它可分为阴离子交换剂和阳离子交换剂。引入的基团有羧甲基、二乙基胺乙基、磺酸丙基（$—C_3H_6SO_3^- Na^+$）等。

常用的离子交换剂见表 5-3。

（二）离子交换剂性质

1. 交联度　离子交换剂的载体是通过交联剂交联而制成的固体物质。每种载体中所含的交联剂的百分数即交联度是不同的。树脂的交联度范围为 $2\% \sim 16\%$。树脂交联度的大小与其对离子进行交换的选择性有关。

2. 膨胀度　膨胀度是指每克干离子交换剂在水溶液中吸水的体积（mL）。不同的载体膨胀度不同。多糖型离子交换剂的膨胀度可达 60 mL/g，而离子交换树脂最高可达 100 mL/g。交联度越大，膨胀度越小。膨胀度还与电荷基团、溶液的离子强度和 pH 有关。

表 5－3 常用的离子交换剂

类型		商品名	载体	电荷基团
阳离子 交换树脂	强酸型	732－树脂 P－纤维素 SP－葡聚糖	聚苯乙烯 纤维素 葡聚糖	$-SO_3H$ $-PO_3H$ $-CH_2-CH_2-CH_2SO_3^-$
	弱酸型	101－树脂 CM－纤维素 CM－葡聚糖	聚甲基丙烯酸 纤维素 葡聚糖	$-COOH$ $-O-CH_2-COOH$ $-O-CH_2-COOH$
阴离子 交换树脂	强碱型	711－树脂 TEAE－纤维素 QAE－葡聚糖	聚苯乙烯 纤维素 葡聚糖	$-N^+(CH_3)_3$ $-CH_2-CH_2-N^+(C_2H_5)_3$ $\underset{\quad}{(C_2H_5)_2}\quad OH$ $-O-(CH_2)_2-N^+-CH_2-CH-CH_3$
	弱碱型	301－树脂 DEAE－纤维素 DEAE－葡聚糖	聚苯乙烯 纤维素 葡聚糖	$-N^+(CH_3)_3$ H $-O-(CH_2)-N^+-(CH_2-CH_3)_2$

3. 交换容量 交换容量是指离子交换剂与溶液中的离子或离子化合物进行交换的能力。一般用总交换容量和有效交换容量表示。交换容量受多种因素的影响：

（1）筛孔 有效交换容量与离子交换剂的筛孔直径以及分离物的分子质量密切相关。当分离物一定时，筛孔越大，交换容量越大。

（2）离子强度 当溶液中离子强度增大时，离子对电荷基团的竞争作用增强，从而降低了交换剂的有效交换容量。这也是增加洗脱液离子强度，能洗脱与电荷基团结合较强的离子的原因。

（3）pH 当溶液 pH 改变时，交换剂上电荷基团的解离状态要发生变化，从而使交换容量发生变化。例如，弱阴离子交换剂的交换容量随着 pH（小于其 pK）的下降而增大。

三、离子交换层析的操作

1. 离子交换剂的选择 选择理想的离子交换剂是提高分辨率和有效成分获得率的重要前提。选择离子交换剂时应从以下几个方面加以考虑。

① 要正确选择阳离子交换剂或阴离子交换剂，使被分离物质的电荷与交换剂平衡离子的电荷正负性相同。对于两性离子，应根据其在稳定的 pH 范围内所带的电荷选择交换剂。

② 要对强弱离子交换剂进行选择。离子交换层析中一般不用中强度的交换剂。强离子交换剂常用于无离子水的制备和分离一些在极端 pH 时较稳定的化合物。分离生物样品习惯于用弱离子交换剂。

③ 要选择平衡离子。为了提高交换容量，一般要选择亲和力较小的平衡离子。强离子交换剂应分别选择 H 型和 OH 型。弱离子交换剂应选择 Na 型和 Cl 型。

离子交换树脂含活性基团多，交换容量大，机械强度高，流动速度快，主要用于分离无机离子和氨基酸、核苷酸等小分子物质。离子交换树脂不适于分离蛋白质、核酸等大分子物质，因为大分子物质不能进入树脂的网状结构中。大分子物质要用多糖型离子交换剂，因为这些交换剂的电荷基团分布在其表面，大分子物质可以很容易地和它们发生交换反应。

2. 缓冲液的选择 选择缓冲液的原则有以下 4 条：

① 阴离子交换剂选用阳离子缓冲液（如氨基乙酸、铵盐、Tris 等），阳离子交换剂选用阴离子缓冲液（如乙酸盐、磷酸盐等），以防缓冲液离子参与交换过程，降低交换剂的交换容量。

② 缓冲液 pH 的选择要使被分离物质的电荷与平衡离子电荷的正负性相同。

③ 选用的缓冲系统对于分离过程无干扰。

④ 要确定一定的离子强度。

3. 离子交换剂的制备

（1）漂洗 漂洗的目的是除去杂质。无论是新启用的，还是再生的交换剂，在处理或转型前都要经过这一步。漂洗是将交换剂在大烧杯中用低于 40 ℃ 的水反复洗涤，直至水清澈无色。

（2）预处理 用酸碱轮换浸泡交换剂，以便使交换剂带上需要的平衡离子。预处理方法为：树脂可用 2～4 倍体积的 2 mol/L NaOH 或 2 mol/L HCl 处理；纤维素和葡聚糖只能用 0.5 mol/L NaOH＋0.5 mol/L NaCl 混合溶液或 0.5 mol/L HCl 处理。处理顺序决定于交换剂携带的平衡离子。每次用酸或碱处理后，均应用水洗至近中性。预处理的目的除了使交换剂带上所需离子外，还可增加交换容量。对于树脂来讲，通过处理，树脂充分吸水溶胀，使网孔变大，更有利于小分子物质进到颗粒内部进行交换反应。对于纤维素离子交换剂来讲，干的交换剂由于众多氢键的作用，使纤维素分子压得非常密实，导致许多电荷基团被埋藏起来。当交换剂经过酸、碱处理后，其电荷基团都转变为带电形式：

$$—C_2H_4N(C_2H_5)_2＋H^+ \longrightarrow —C_2H_4N^+(C_2H_5)_2H$$
$$—CH_2—COOH＋OH^- \longrightarrow —CH_2—COO^-＋H_2O$$

电荷基团带有同种电荷，由于电荷的排斥作用使交换剂得到最大程度的溶胀，电荷基团充分暴露，从而有利于离子平衡和交换反应。由于强酸、强碱可能使这类交换剂分解，所以使用浓度应控制在 0.5 mol/L 以内，处理时间不应超过 2 h。

（3）去杂与平衡 经处理后，要用大量的水悬浮交换剂，用倾倒法除去细小颗粒，最后用缓冲液平衡。

（4）再生 使用过的交换剂，可用一定的方法使其恢复到原来的状态。再生可通过上述酸、碱轮流处理的方法而完成。

（5）转型 离子交换剂有时需要从一种平衡离子转换成另一种平衡离子，这种平衡离子的转换过程称为转型。转型是用含欲转换平衡离子的溶液处理交换剂。

4. 装柱 床体积应大于结合全部样品所需量的 2～5 倍，这可从交换剂的膨胀度和交换容量计算而来。若超出过多，可能造成洗脱峰过宽而降低分辨率。层析柱的形状也影响洗脱峰的宽度。通常，细长的柱子要比短粗的柱子分辨率高。装柱的方法与其他方法相同。

5. 洗脱和收集 将样品上样并交换平衡以后，便可进行洗脱，离子交换层析需用梯度洗脱，即随着洗脱的进行，洗脱液的离子强度或 pH 在逐渐变化着。其原理是，随着离子强度的增强，洗脱液中的离子对电荷基团上的电荷的竞争力也随之增强，原来与电荷基团结合的离子，按结合力由弱到强的顺序被洗脱下来。而 pH 梯度的变化，会引起物质解离状态的变化，从而使它与电荷基团结合力减弱而被洗脱下来。

梯度洗脱时，梯度的形成需要使用梯度混合器。梯度混合器是由两个彼此相通的容器加上搅拌装置组成（图5-9）。

洗脱的方法有两种，即改变离子强度或改变 pH。改变离子强度时，洗脱液为稀缓冲液中溶入简单盐（如 KCl 或 NaCl）。洗脱时，其离子梯度是增加的。这时容器 A 中为低浓度盐溶液，容器 B 中为高浓度盐溶液。改变 pH 时，梯度溶液是两个不同 pH 而组分相同的溶液。若 pH 从低到高递增（使用阳离子交换剂时），则低 pH 溶液在容器 A 中，高 pH 溶液在容器 B 中。若 pH 由高到低（使用阴离子交换剂时），则正好相反。也可用无梯度的洗脱液进行洗脱。

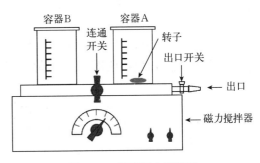

图5-9　梯度混合器装置

洗脱液的梯度可有多种类型，可以通过改变容器 A、容器 B 的相对体积来实现。当两容器体积相等时，为线型梯度（Ⅰ型）；当容器 A 的体积＜容器 B 的体积时，则为凸形梯度（Ⅱ型）；当容器 A 的体积＞容器 B 的体积时，为凹形梯度（Ⅲ型）（图5-10）。

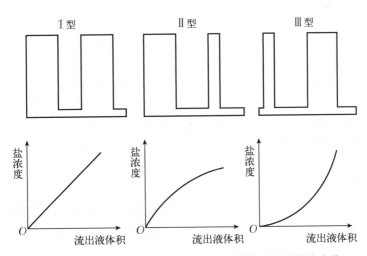

图5-10　产生梯度的3种设计以及每种设计所得的梯度变化

四、应用实例——血清免疫球蛋白 G 的分离纯化及鉴定

1. 目的　以纯化免疫球蛋白 G（immunoglobulin G，IgG）为例，初步掌握蛋白质的分离纯化技术，包括盐析、凝胶过滤及离子交换层析技术的原理和操作。

2. 原理　分离纯化蛋白质的方法是利用不同蛋白质的某些物理、化学性质（如在一定条件下的带电情况、分子质量、溶解度等）的不同而建立起来的，其中有盐析、离子交换、凝胶过滤、亲和层析、制备电泳和超速离心等。在分离纯化时，要根据情况选用几种方法相互配合才能达到分离纯化一种蛋白质的目的。本实验从家畜血清中分离 IgG，通过硫酸铵盐析、凝胶过滤脱盐及 DEAE-纤维素离子交换等方法，提取、纯化家畜血清中的 IgG。

3. 材料、设备与试剂

（1）材料　家畜血清。

（2）设备　离心机、层析柱 2 根（1.5 cm×20 cm）、铁架台、恒流泵、烧杯、胶头滴管、黑色比色板、白色比色板、自动部分收集器等。

（3）试剂

① 饱和硫酸铵溶液（pH 7.0）：称取硫酸铵 760 g，加蒸馏水至 1 000 mL，加热至 50 ℃，使绝大部分硫酸铵溶解，置室温过夜，取上清液，用氢氧化铵调 pH 至 7.0。

② PBS 缓冲液（0.01 mol/L，pH 7.0，含 0.15 mol/L NaCl）：取 0.2 mol/L Na_2HPO_4 溶液 30.5 mL、0.2 mo/L NaH_2PO_4 溶液 19.4 mL，加 NaCl 8.5 g，加蒸馏水至 1 000 mL。

③ PB 缓冲液（0.017 5 mo/L，pH 6.7，不含 NaCl）：取 0.2 mol/L Na_2HPO_4 溶液 43.5 mL、0.2 mol/L NaH_2PO_4 溶液 56.6 mL 混合，用蒸馏水稀释至 1 000 mL。

④ 其他试剂：DEAE-纤维素（DE-11、DE-22、DE-32、DE-52 均可）、0.5 mol/L HCl 溶液、0.5 mol/L NaOH 溶液、奈氏试剂、20％磺酰水杨酸、Sephadex G-25（使用之前先用蒸馏水浸泡 5 h 或在沸水浴中溶胀 2 h）。

4. 操作步骤

（1）**硫酸铵盐析**

① 取家畜血清 5 mL，加 PBS 缓冲液 5 mL，混匀。滴加（边加边搅拌）饱和硫酸铵溶液 4 mL（此时溶液中硫酸铵饱和度约为 20％）。静置 20 min，以 3 000 r/min 离心 15 min，沉淀为纤维蛋白（弃去），上清液中含清蛋白、球蛋白。

② 取上清液，再加饱和硫酸铵溶液 6 mL（方法同前，此时溶液中硫酸铵的饱和度约为 50％）。静置 20 min，以 3 000 r/min 离心 15 min，上清液中含清蛋白，沉淀为球蛋白。

③ 倾去上清液，将沉淀溶于 5 mL PBS 缓冲液中，再加饱和硫酸铵溶液 3.2 mL（此时溶液中硫酸铵的饱和度约为 33％）。静置 20 min，以 3 000 r/min 离心 15 min，除去上清液，沉淀即为 γ 球蛋白。

（2）**凝胶过滤脱盐**

① 取层析柱 1 根（1.5 cm×20 cm），垂直于固定架上，夹住出口。加 10 mL PB 缓冲液于柱中。将已溶胀好的 Sephadex G-25 弃去水，加入 PB 缓冲液并搅拌成悬浮液，慢慢装入柱中，打开出口，继续加入 Sephadex G-25 使自然沉降至 15 cm 高，关闭出口，静置几分钟。

② 打开出口，使柱中多余的 PB 缓冲液流出，与凝胶柱床面持平（切勿低于柱床面），关闭出口。用吸管吸取盐析所得的蛋白质溶液 2 mL，沿管壁加入凝胶面上，打开出口，让样品进入凝胶柱，再用滴管小心加入 PB 缓冲液至液面高出凝胶面 2～3 cm。接通装有 PB 缓冲液的洗脱瓶，开始洗脱。调节恒流泵，控制流速为 0.5 mL/min，每 2 mL 收集 1 管，编号，按顺序放在试管架上。

③ 在收集的同时，检查蛋白质是否流出。检查方法：于每管中取出 1 滴放在黑色比色板孔中（按编号顺序），再分别加入 1 滴 20％磺酰水杨酸，若出现白色沉淀即表示蛋白质已流出凝胶柱。如此反复检查，直到蛋白质全流出为止。与此同时，再从含蛋白质的管中取出 1 滴放在白色比色板中，加奈氏试剂 1 滴，若蛋白管中不出现棕色，即表示蛋白质中的硫酸铵已除去，合并无硫酸铵的蛋白质管，待用。

（3）DEAE-纤维素纯化 IgG

① DEAE-纤维素的活化处理：称取 20 g DEAE-纤维素，浸泡过夜。次日倾去水，加 0.5 mol/L NaOH 溶液 100 mL，轻轻搅拌。静置，沉降后倒出 NaOH 溶液，用蒸馏水洗至 pH 为 8 左右，倒出上清液。加 0.5 mol/L HCl 溶液 100 mL，轻轻搅拌，静置 10 min。小心倒出 HCl 溶液，用蒸馏水洗至 pH 为 6，待用。

② 装柱：取层析柱 1 根（1.5 cm×20 cm），按照安装 Sephadex G-25 柱的方法装柱。待 DEAE-纤维素自然沉降后，接通洗脱瓶，让 PB 缓冲液流经柱床，待流出液的 pH 为 6.7 为止（充分平衡）。

③ 加样与洗脱：关闭洗脱瓶，让柱内缓冲液流出至柱面，关闭出口。用吸管将已脱盐的 γ 球蛋白沿柱壁缓缓加入柱内，打开流出口，让样品进入柱床（勿使空气进入）。立即用滴管向柱内沿管壁加入 PB 缓冲液至高出柱面 2 cm。接通洗脱瓶，调整流速至 1.5 mL/min，按每管 1.5 mL 连续收集。编号并按顺序放置在试管架上。与此同时，取出 1 滴于黑色比色板上，加 20% 磺酰水杨酸 1 滴，出现白色沉淀者，即只含有 IgG 而无其他球蛋白，继续收集，直至不发生白色沉淀反应时为止，合并蛋白管，置冰箱保存。

5. IgG 的纯度鉴定　IgG 纯度的鉴定办法很多，最常用的鉴定方法是电泳，如免疫电泳、凝胶电泳等。

6. 补充说明

① 如果在柱层析时，洗脱液连接核酸蛋白检测仪，则免去用磺酰水杨酸检测的步骤。

② 50% 饱和的硫酸铵使血清中球蛋白沉淀，33% 饱和的硫酸铵使 γ 球蛋白沉淀。

③ 在粗提的 γ 球蛋白溶液中，当 pH 为 6.7 时，除 IgG 外，其他杂质蛋白均带有同数量的负电荷。因此，当粗提的 γ 球蛋白在 pH 为 6.7 的溶液中经 DEAE-纤维素柱时，IgG 不发生交换而直接流出，其余蛋白质则发生交换和吸附，从而能得到较纯的 IgG。

第六节　亲和层析

亲和层析（affinity chromatography）是利用生物分子与其配体间专一、可逆的结合作用进行分离的一种层析技术。该技术操作过程简单，所需时间短，分离的物质纯度高，不仅可以分离大分子化合物，而且还可用于纯化细胞和细胞器。

一、亲和层析的基本原理

不同的物质分子由于结构的原因，具有互相特异地可逆结合的能力，即亲和力。例如，酶和底物、酶和竞争性抑制剂、抗原和抗体、激素和受体蛋白之间都具有亲和力。不同条件下，亲和力会发生变化，从而可使配对物质分子之间发生互相结合或解离的不同情况。亲和层析就是利用物质分子间的亲和力在不同条件下会发生变化的原理而建立起来的。

操作时，首先选择与待分离物质有亲和力、能结合的化合物即配基，并把配基共价连接到不溶性载体上作为固定相（亲和吸附剂），然后装柱。当样品随流动相通过固定相时，待分离物质与载体上的配基特异性结合而被留在柱上，样品的其他物质则被直接冲洗下来。然后通过改变 pH、增加离子强度或加入抑制剂等方法，可把待分离物质从配基上解离洗脱下来（图 5-11）。

亲和层析法由于配基对待分离物特异性结合，使分离提纯效果大大提高，同时由于是在温和条件下进行操作，所以对分离含量极微又不稳定的活性物质来说是一种理想的分离方法。

二、亲和层析的操作

（一）载体的选择

理想的载体必须具有以下特性：①必须具有合适的、丰富的化学基团，配基可以和它共价结合；②不同洗脱条件下，配基和载体的连接均有较好的理化稳定性；③与其他非靶标物质互作很少，使非特异性吸附降低到最低程度；④高度亲水，使大分子化合物易与它们接近；⑤具有适当的多孔性。

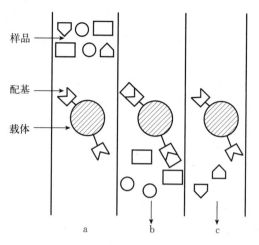

图 5-11　亲和层析的基本过程

a. 配基与载体共价结合，样品加在柱上

b. 待分离物与配基特异性结合，其他物质被直接洗下来

c. 通过洗脱，待分离物与配基解离，得到纯物质

根据这些条件，现在最好的载体是琼脂糖 4B（Sepharose 4B）。实践中应用较多的还有聚丙烯酰胺凝胶（Bio-300）、多孔性玻璃珠等。

（二）亲和吸附剂的制备

亲和层析所用的配基可以是酶的辅助因子、抑制剂、效应物、类似底物、抗体或其他物质。优良的配基应具备的条件包括：①对欲纯化的大分子物质有较强的亲和力；②具有与基质共价结合的基团。

配基与载体的结合有物理法和化学法。化学法常用的有溴化氰偶联法、双环氧乙烯偶联法等。其中溴化氰偶联法最为常用，这种方法包括活化、偶联等步骤。

1. 活化　将琼脂糖 4B 与溴化氰混合，在碱性条件下（pH 11~12），琼脂糖活化成为两种化合物，一种是具有反应能力的 Sepharose -亚胺碳酸盐衍生物（载体衍生物），另一种是无反应能力的氨基碳酸盐。活化过程会放热，所以需要用冰块降温，使反应物尽快冷却在 4 ℃以下。洗涤液也要预冷。由于活化的琼脂糖在碱性条件下很不稳定，所以活化过程的速度越快越好。洗涤液最好和偶联配基时所用的溶液一致。

$$
\begin{array}{ccc}
\mathrm{\Big|{-}OH} \\ \mathrm{\Big|{-}OH}
\end{array}
+ \mathrm{CNBr} \xrightarrow{\mathrm{pH\ 11\sim12}}
\quad
\begin{array}{c}
\mathrm{-O} \\ \quad\quad \mathrm{C=NH} \\ \mathrm{-O}
\end{array}
+
\begin{array}{c}
\mathrm{-O-C-NH_2} \\ \mathrm{-OH}
\end{array}
$$

琼脂糖 4B　　　　　载体衍生物　　　氨基碳酸盐

2. 偶联　将活化好的载体（即载体衍生物）和配体一起放入缓冲液中（一般用 0.2~0.25 mol/L 碳酸盐缓冲液，pH 8~10），缓慢搅拌，配体与载体偶联形成的亲和吸附剂有两种形式：亚胺碳酸盐衍生物和异脲化合物。

$$
\begin{array}{c}
\mathrm{-O} \\ \quad\quad \mathrm{C=NH} \\ \mathrm{-O}
\end{array}
+ \mathrm{RNH_2} \longrightarrow
\begin{array}{c}
\mathrm{-O} \\ \quad\quad \mathrm{C=NR} \\ \mathrm{-O}
\end{array}
+
\begin{array}{c}
\mathrm{NH} \\ \mathrm{-O-C-NHR} \\ \mathrm{-OH}
\end{array}
$$

载体衍生物　　　配体　　亚胺碳酸盐衍生物　　　异脲化合物

在纯化蛋白质时，经以上偶联的亲和吸附剂可直接用于亲和层析。若是要纯化细胞器、细胞等大的颗粒状物质，配基由于空间的阻碍无法与这些颗粒作用，这时需要在载体和配基之间引入"手臂"，使配基离载体骨架的距离远一些，便于它和待分离物的结合。构成"手臂"常用的办法是把长度适当的氨基化合物（常用的是 1，6-己二胺、6-氨基己酸）共价结合到用溴化氰活化的琼脂糖上。然后让这个"手臂"与配基结合。

（三）吸附与洗脱

将亲和吸附剂按常规法装柱，并用与大分子物质加样时相同的缓冲液平衡，然后上样。样品进入亲和柱内，配基和待分离物就形成了复合物。形成复合物的吸附量不仅与配基和待分离物间的亲和力有关，而且和样品的 pH、离子强度等因素有关。因此，要选择适当的缓冲液才能使柱的吸附量最大。

对于无法吸附的杂蛋白可用大量平衡液直接洗脱。

对于专一性吸附的大分子，洗脱条件可根据亲和力决定：亲和力较小时，可连续用大体积平衡缓冲液洗脱；亲和力一般时，可通过改变缓冲液 pH 或离子强度，或者同时调整两个参数而洗脱；亲和力较强时，可用与配基竞争的溶液或蛋白质变性剂洗脱。

（四）亲和层析柱的再生

洗脱结束后，连续用大量洗脱液或高浓度盐溶液彻底洗涤层析柱，然后用平衡缓冲液使层析柱重新平衡，层析柱便可再次上样。一般亲和层析柱可反复使用多次。

第七节　气相色谱

气相色谱（gas chromatography）是 20 世纪 50～60 年代发展起来的一种高效、快速分析方法。根据所用色谱柱的形式，可把它分成毛细管气相色谱和填充柱气相色谱两种类型。根据固定相的类型可分为气固色谱和气液色谱两个类型，前者固定相为固体（吸附剂），后者固定相为液体（涂敷于惰性载体表面的有机溶剂薄层液膜）。毛细管气相色谱属气液色谱，是把固定液涂敷于毛细管内壁，管中呈空心，渗透性好，效率高，样品在其中畅通无阻，移动快，出现的峰形锐利，分辨率强。填充柱气相色谱是以颗粒材料为固定相填充于色谱柱中制成的，可以有气固色谱和气液色谱两个类型。

气固色谱的固定相为吸附剂之类的固体物质时，样品的洗脱峰易拖尾，峰形难以重现，故应用有限。而气液色谱的优点较多，应用较广泛。

气相色谱的优点是：①分离效能高，能分离组分复杂的混合物；②选择性好，能分离性质极为近似的物质，如同系物和同分异构体等；③灵敏度高，可检出少至 10^{-14} g 的物质；④分析速度快，完成一个分析周期一般只需几分钟到几十分钟。

气相色谱的缺点是：①不能根据色谱图直接给出新化合物的定性结果，必须有纯粹的标样与之比较，才可确定；②分析高沸点、热稳定性差的物质还有困难。

一、气相色谱仪的基本装置和分析流程

气相色谱仪的基本装置如图 5-12 所示。气相色谱仪包括气路系统、进样系统、分离系统（色谱柱）、温度控制系统、检测器、放大器和记录仪等。

载气（流动相）由高压钢瓶供给，通过减压阀、净化管净化后，经稳压阀控制压力并调

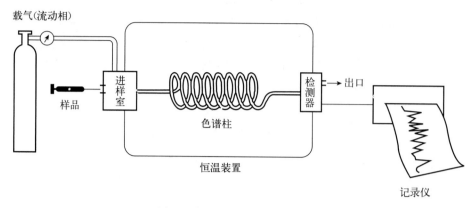

图 5 - 12　气相色谱仪基本装置

节到所需的流速，以稳定的压力连续流入进样室、色谱柱、检测器后放空。将样品注入进样室后立即汽化，并被载气带入色谱柱进行分离。分离后的组分先后进入检测器，从而使载气中的组分及其浓度变化成电信号，经放大在记录仪上记录下来，所记录的信号-时间曲线称为流出曲线，又称为色谱图，通过它可以进行定性、定量分析。

二、气相色谱的基本原理

气相色谱的基本原理是，多种组分的混合样品进入色谱仪的进样室汽化后呈气态。当载气携带了被测物质进入色谱柱同固定相接触时，就被固定相溶解（或吸附）。随着载气通入，溶解的组分（或吸附的组分）又从固定相中挥发（或解吸附），最后达到平衡。这种溶质在气液两相之间发生的溶解—挥发（或吸附—解吸附）的过程，称为分配过程。平衡时气液或气固两相中溶质的浓度比，称为分配系数（K）。

$$K = \frac{液相中溶质的浓度（g/mL）}{气相中溶质的浓度（g/mL）}$$

在恒温条件下，一种物质在指定的固定相和流动相之间，分配系数是个常数。由于各组分在两相中的分配系数不同，分配系数小的组分，每次分配后在流动相中的浓度比较大，因此就较早地流出色谱柱；而分配系数较大的组分，流出色谱柱的时间就较迟。当分配次数足够时，就能将不同组分分离开来。

第八节　高效液相色谱

高效液相色谱（high performance liquid chromatography，HPLC）又称高速或高压液相色谱。该方法是吸收了普通液相色谱和气相色谱的优点，经过适当改进发展起来的。它既有普通液相色谱的功能（可在常温下分离制备水溶性的物质），又有气相色谱的特点（即高压、高速、高分辨率和高灵敏度），适用于很多不易挥发、难热分解物质（如金属离子、蛋白质、氨基酸及其衍生物、核苷、核苷酸、核酸、单糖、寡糖和激素等）的定性和定量分析，而且也适用于上述物质的制备和分离。特别是近年来出现的一种与高效液相色谱相近的快速蛋白液相色谱（fast protein liquid chromatography，FPLC），能在惰性条件下，以极快的速度把复杂的混合物通过成百上千次的层析分开。如果连续进样，1 d 内可制出大量的欲纯化物质。

　　高效液相色谱按其固定相的性质可分为高效凝胶色谱、疏水性高效液相色谱、反相高效液相色谱、高效离子交换液相色谱、高效亲和液相色谱及高效聚焦液相色谱等类型。用不同类型的高效液相色谱分离或分析各种化合物的原理基本上与相对应的普通液相色谱的原理相似。其不同之处是高效液相色谱灵敏、快速、分辨率高、重复性好，且必须在色谱仪中进行。

第六章 分光光度技术

以分光光度法为原理产生的各种分光光度计由于其结构简单、操作方便、检测灵敏度高、相对误差小的特点得到广泛的普及和应用，目前已经用于石化、医药、环保等多个方面。随着科学和技术的发展，分光光度计也不断地更新和发展。1882 年提出的朗伯-比尔（Lambert‐Beer）定律奠定了分光光度法的理论基础，即液层厚度相等时，吸光度与呈色溶液的浓度成正比。1854 年杜包斯克（Duboscq）和奈斯勒（Nessler）利用该理论设计了第一台比色计，到 1918 年美国制成了第一台紫外-可见分光光度计。此后分光光度技术不断改进，包括自动记录、自动打印、数字显示、微机控制等各种类型的仪器。目前分光光度计可用于通过测定某种物质吸收光谱或发射光谱来确定该物质的组成；通过测量适当波长的信号强度确定某种单独存在或与其他物质混合存在的一种物质的含量；通过测量某一种底物消失或产物出现的量和时间的关系，追踪反应过程等。

第一节 概　述

分光光度技术是利用物质在特定波长处或一定波长范围内的光具有选择性吸收的特性建立起来的鉴别物质或者测定物质含量的一项技术，该技术常常用于对物质进行定性和定量分析。

当一束单色光通过溶液时，一部分被吸收，一部分则透过溶液。设入射光发光强度为 I_0，透射光发光强度为 I_t，则透光度 $T = I_t/I_0$，吸光度（A）则可表示为 $A = -\lg (I_t/I_0) = -\lg T$；根据 Lambert‐Beer 定律，吸光度与溶液的浓度成正比，与光束通过溶液的距离（即光程）成正比，用数学表达式表示为：

$$A = \varepsilon L C$$

式中：C——物质的浓度，mol/L；

L——被分析物质的光程，即比色皿的边长，cm；

ε——摩尔吸光系数。

ε 的意义：当液层厚度为 1 cm、物质浓度为 1 mol/L 时，物质在特定波长下的吸光度值。ε 是物质的特征性常数。在条件（入射光波长、温度等）不变时，特定物质的 ε 不变，这是分光光度法对物质进行定性的基础。通过测定已知浓度溶液的吸光度，可求得物质的 ε。

由于单色光透过溶液时，光不仅被待测物质所吸收，而且还被比色容器、溶剂以及其他试剂吸收一部分，这部分需用空白管消除。

第二节 分光光度计的构造及使用

一、分光光度计的一般构造

分光光度计使用的光谱范围在 200～10 000 nm，因使用的波长范围不同而分为紫外光区

（200～400 nm）分光光度计、可见光区（400～760 nm）分光光度计、红外光区（760～10 000 nm）分光光度计以及万用（全波段）分光光度计等。无论哪一类分光光度计都由以下 5 个部分组成，即光源、单色器、狭缝、样品池、检测器系统。

1. 光源　分光光度计对光源的要求是能提供所需波长范围的连续光谱，稳定而有足够的强度。常用的有白炽灯（如钨灯、卤钨灯等）、气体放电灯（如氢灯、氘灯等）、金属弧灯（如各种汞灯）等。

钨灯和卤钨灯发射 320～2 000 nm 连续光谱，最适宜工作范围为 360～1 000 nm，其稳定性好，用作可见光区分光光度计的光源。氢灯和氘灯能发射 150～400 nm 的紫外光，可用作紫外光区分光光度计的光源。红外区分光光度计的光源则由纳恩斯特（Nernst）棒产生，此棒由 $ZrO_2 : Y_2O_3 = 17 : 3$ 或 Y_2O_3、GeO_2 及 ThO_2 的混合物制成。汞灯发射的不是连续光谱，能量绝大部分集中在 253.6 nm 波长外，一般作波长校正用。钨灯在出现灯管发黑时应及更换，如换用的灯型号不同，还需要调节灯座的位置和焦距。氢灯及氘灯的灯管和窗口是石英的，且有固定的发射方向，安装时必须仔细校正，接触灯管时应戴手套以防留下污迹。

2. 单色器　单色器是指能从混合光波中分解出来所需单一波长光的装置，由棱镜或光栅构成。用玻璃制成的棱镜色散力强，但只能在可见光区工作。石英棱镜工作波长范围为 185～4 000 nm，在紫外光区有较好的分辨力，也适用于可见光区和近红外区。棱镜的特点是波长越短，色散程度越好，越向长波一侧则色散程度越差。所以用棱镜的分光光度计，其波长刻度在紫外光区可达到 0.2 nm，而在长波段只能达到 5 nm。有的分光系统是用光栅作为色散元件，即在石英或玻璃的表面上刻许多平行线，刻线处不透光，于是通过光的干涉和衍射现象，较长的光波偏折的角度大，较短的光波偏折的角度小，因而形成光谱。

3. 狭缝　狭缝是指由一对隔板在光通路上形成的缝隙，用来调节入射单色光的纯度和强度，也直接影响分辨率。狭缝可在 0～2 mm 宽度内调节，棱镜色散力随波长不同而变化，较先进的分光光度计的狭缝宽度可随波长一起调节。

4. 样品池　样品池又称为吸收器、比色杯或比色皿，用来盛溶液，各个比色杯的壁厚度等规格应尽可能完全相等，否则将产生测定误差。玻璃比色杯只适用于可见光区测定，在紫外光区测定时要用石英比色杯。比色杯有光面和磨面，不能用手拿比色杯的光面。比色杯用后要及时洗涤，可用温水或稀盐酸、乙醇以至铬酸洗液（浓酸中浸泡不要超过 15 min），表面只能用柔软的绒布或拭镜纸擦净。

5. 检测器系统　检测器是一种光电换能器，其主要功能是将接收的光信号转变为电信号，再通过放大器将信号输送到显示器。有许多金属能在光的照射下产生电流，光越强电流越大，此即光电效应。因光照射而产生的电流称为光电流。受光器有两种，一种是光电池，另一种是光电管。

光电池的组成种类繁多，最常见的是硒光电池。光电池受光照射产生的电流颇大，可直接用微电流计量出。但是，当连续照射一段时间后光电池会产生疲劳现象而使光电流下降，要在暗中放置一些时候才能恢复。因此光电池使用时不宜长时间照射，随用随关，以防止光电池因疲劳而产生误差。

光电管装有一个阴极和一个阳极，阴极是用对光敏感的金属（多为碱土金属的氧化物）制成，当光射到阴极且达到一定能量时，金属原子中电子发射出来。光越强，光波的振幅越大，电子放出越多。电子是带负电的，被吸引到阳极上而产生电流。光电管产生电流很小，需要放大。分光光度计中常用电子倍增光电管，在光照射下所产生的电流比其他光电管要大得多，这就提高了测定的灵敏度。

检测器产生的光电流以某种方式转变成模拟的或数字的结果，模拟输出装置包括电流表、电压表、记录器、示波器及与计算机联用等，数字输出则通过模拟/数字转换装置如数字式电压表等显示。

二、721 型分光光度计

721 型分光光度计（图 6-1）是在可见光范围内使用的一种分光光度计，其波长范围为360～800 nm，在波长 410～710 nm 范围内灵敏度高。其色散元件为三角棱镜。

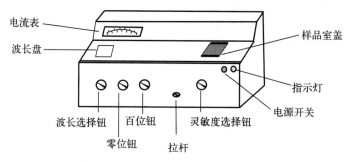

图 6-1　721 型分光光度计

721 型分光光度计的具体使用方法如下：

① 检查仪器各调节按钮的起始位置是否正确，将灵敏度选择钮放在"1"挡。

② 转动波长选择钮，选择所需的波长，接通电源开关。

③ 打开样品室盖，用零位钮调整电流表使电流表指针处于 $T=0$ 位，预热 20 min（如果 T 调不到"0"时，重复操作①，将灵敏度选用较高的挡）。

④ 将加有空白液的比色杯（溶液装入 4/5 高度，置第一格）放入比色杯架内，盖上样品室盖，推动拉杆，使空白管对准光路，调节 100%透射比调节器，使电流表指针 $T=100\%$。

⑤ 重复操作③和④，即打开样品室盖，调透射比 T 为"0"；盖上样品室盖，调透射比 T 为"100%"的操作至仪器稳定。

⑥ 盖上样品室盖，轻轻拉动拉杆，使样品溶液池依次置于光路上，依次读出吸光度值。读数后应立即打开样品室盖。

⑦ 测量完毕，取出比色杯，洗净后倒置于滤纸上晾干。各按钮置于原来位置，电源开关置于"关"，拔下电源插头。

注意，放大器各挡的灵敏度为："1"表示×1 倍；"2"表示×10 倍；"3"表示×20 倍，灵敏度依次增大。由于单色光波长不同时，光能量不同，需选不同的灵敏度挡。选择原则是在能使参比溶液调到 $T=100\%$ 处时，尽量使用灵敏度较低的挡，以提高仪器的稳定性。改变灵敏度挡后，应重新进行操作③和④，调"0"和"100%"。

三、紫外-可见分光光度计

紫外-可见分光光度计是基于紫外-可见分光光度法原理，利用物质分子对紫外-可见光谱区的辐射吸收来进行分析的一种分析仪器。这类仪器常用的波长范围为 220～800 nm，少数仪器使用波长范围为 185～1 100 nm。

紫外光区通常用氢灯或氙灯，可见光区通常用钨灯或碘钨灯。单色器一般配棱镜或光栅，主要功能是将光源发出的复合光分解并从中分出所需波长的单色光。检测器的功能是通过光电转换元件将光信号转变成电信号，检测透过光的强度。常用的光电转换元件有光电管、光电倍增管及光二极管阵列检测器。紫外光区的测量需用石英比色杯，可见光区的测量需用玻璃杯。

第三节　应用实例

一、糖的定量测定

（一）斐林试剂法测定还原糖

1. 目的　掌握斐林试剂法测定还原糖的原理；学习分光光度计的使用。

2. 原理　斐林试剂是由甲、乙两种溶液混合而成。甲液含有硫酸铜，乙液含有氢氧化钠和酒石酸钾钠。硫酸铜与氢氧化钠作用生成蓝色的氢氧化铜沉淀：

$$CuSO_4 + 2NaOH \longrightarrow Cu(OH)_2 \downarrow + Na_2SO_4$$

在碱性溶液中，酒石酸钾钠使氢氧化铜溶液生成一种络合物：

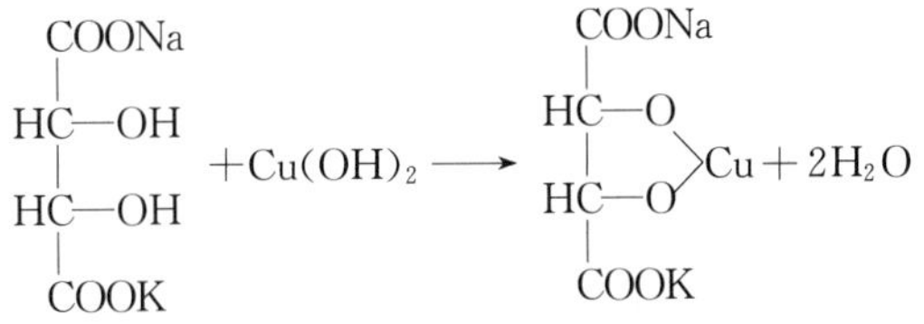

还原糖在碱性条件下煮沸，能使斐林试剂中的二价铜离子还原为一价的氧化亚铜，而使蓝色的斐林试剂脱色。脱色程度与溶液的含糖量成正比。

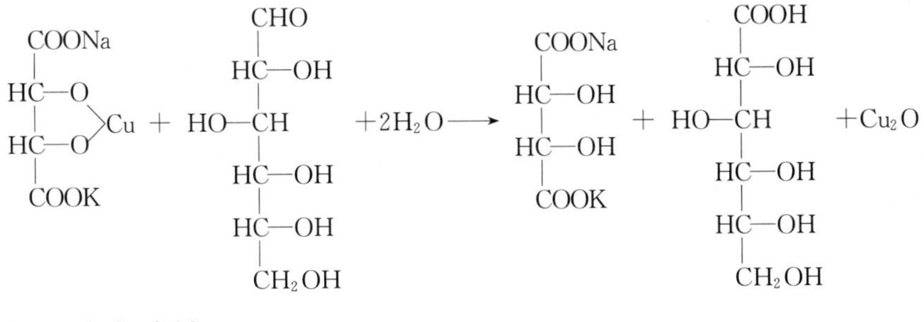

3. 材料、设备与试剂

（1）材料　新鲜植物样品。

（2）设备　药物天平、分析天平、容量瓶、恒温水浴锅、分光光度计、离心机、刻度试管（20 mL）、吸管、电炉等。

（3）试剂

① 0.1%葡萄糖标准溶液：取 80 ℃烘干至恒量的葡萄糖 0.1 g，加蒸馏水定容至 100 mL。

② 甲液：40 g CuSO_4·5H_2O 加蒸馏水溶解并定容至 1 000 mL。

③ 乙液：200 g 酒石酸钾钠和 150 g NaOH 加蒸馏水溶解并定容至 1 000 mL。使用前将

甲液、乙液等体积混合，即为斐林试剂。

④ 0.1%甲基红指示剂：0.1 g甲基红加水溶解并定容至100 mL，保存在棕色瓶中。

⑤ 其他试剂：10% $PbAc_2$、0.1 mol/L NaOH、饱和 Na_2SO_4 等。

4. 操作步骤

（1）还原糖标准曲线的制作　取7支刻度试管按表6-1加入试剂。

表6-1　斐林试剂测定还原糖含量的标准曲线制作

试剂	试管号						
	1	2	3	4	5	6	7
0.1%的葡萄糖标准溶液/mL	0	1	2	3	4	5	6
蒸馏水/mL	6	5	4	3	2	1	0
甲、乙液等体积混合后溶液/mL	4	4	4	4	4	4	4
每管葡萄糖的含量/mg	0	1	2	3	4	5	6

沸水浴加热15 min，取出试管用自来水冷却，1 500 r/min离心5 min，取上清液。以蒸馏水为对照调0，测定各上清液在波长590 nm处的吸光度。以每管葡萄糖的含量为横坐标，以1号空白管的吸光度减去各管不同浓度糖的吸光度为纵坐标，绘制标准曲线。

（2）样品中还原糖的提取　取新鲜的植物样品，洗净擦干，剪碎，称取10.0 g，置于研钵中，研磨成匀浆，用水洗入250 mL容量瓶中。当体积近150 mL时加入2～3滴甲基红指示剂，如颜色呈红色可以用0.1 mol/L NaOH中和至微黄色。若用已经磨碎的风干样品，可以准确称取3.0 g先在烧杯中用少量水湿润，然后用水洗入250 mL容量瓶中，若显酸性，还是通过上述方法中和。

将容量瓶置于80 ℃恒温水浴中保温30 min，其间摇晃数次，使还原糖充分浸出。如果样品中含有较多的蛋白质，可在浸提中间滴加10% $PbAc_2$，直至不再产生白色絮状沉淀，以除去蛋白质。然后加入饱和 Na_2SO_4 除去多余的铅离子。30 min取出冷却，用蒸馏水定容至刻度，摇匀后过滤待测。

（3）样品中还原糖的测定　吸取6 mL上述提取的样品待测液，加入4 mL斐林试剂，然后和制作标准曲线同样操作，测定波长590 nm的吸光度。同样，以蒸馏水为对照调0，用不含样品的空白管吸光度减去样品管的吸光度，根据此差值在标准曲线上查得糖的含量，计算出单位质量样品中还原糖的含量。

（4）计算　按下列公式计算样品中还原糖的含量。

$$100 \text{ g样品中还原糖含量（g）} = \frac{m_{糖测} \times V_{总} \times 100}{m_{样} \times V_{测} \times 1\ 000}$$

式中：$m_{糖测}$——根据标准曲线查的每管样品中还原糖含量，mg；

$V_{总}$——样品溶液的总体积，mL；

$V_{测}$——测定用样品溶液的体积，mL；

$m_{样}$——样品质量，g。

5. 注意事项

① 此方法是斐林试剂热滴定法的一个改进，操作简便。斐林试剂可不作定量配制，测定误差小。本方法测定还原糖的浓度范围为0.1～0.5 mg/mL，样品过浓时要适当稀释。

② 总糖的测定不可以用此法，可以将多糖水解，转化成还原糖稀释后测定。

（二）蒽酮比色定糖法

1. 目的　掌握蒽酮比色定糖法测定总糖和可溶性糖含量的原理和方法。

2. 原理　强酸可使糖类（如戊糖、己糖）脱水生成糠醛或羟甲基糠醛，生成的糠醛或羟甲基糖醛与蒽酮脱水缩合，形成糠醛衍生物，呈蓝绿色，该物质在波长 620 nm 处有最大吸光度。在 10～100 μg 范围内其颜色的深浅与可溶性糖含量成正比。糠醛衍生物颜色的深浅可作为定量标准。具体反应如下：

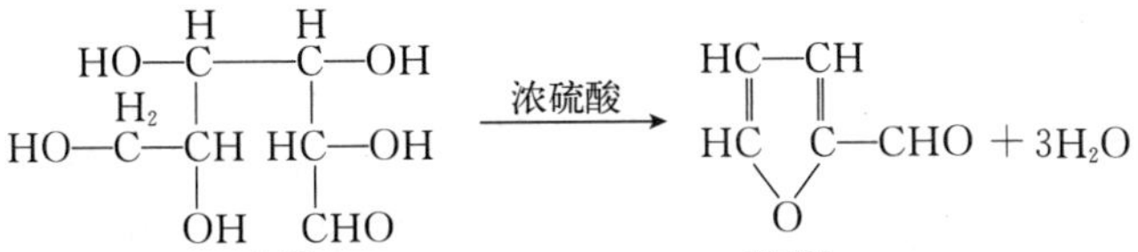

戊糖　　　　　　　　　　糠醛

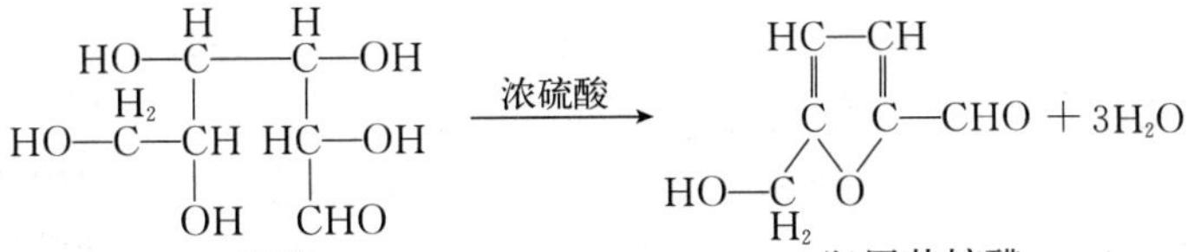

己糖　　　　　　　　　　羟甲基糠醛

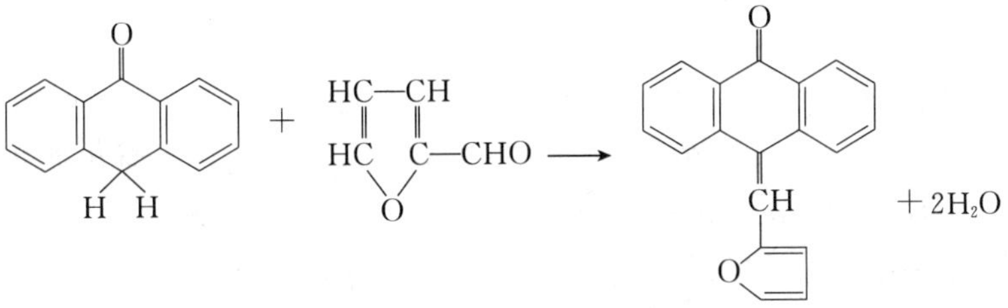

蒽酮　　　　糠醛　　　　糠醛衍生物（蓝绿色）

蒽酮也可以和其他一些糖类发生反应，如五碳糖（包括木糖、核糖和阿拉伯糖等）、六碳糖（包括葡萄糖、果糖、山梨糖、半乳糖等）、蔗糖等，但不同性质的糖和蒽酮反应显现的颜色不同，而且各种糖的有效浓度范围也不同。当存在含有较多色氨酸的蛋白质时，反应不稳定，呈现红色。而对于上述特定的糖类物质，反应较稳定。多糖和寡糖可用酸水解成单糖与蒽酮试剂反应，因此利用蒽酮比色定糖法可测得组织中的总糖和可溶性糖含量。

此法具有很高的灵敏度，糖含量在 30 μg 左右就能进行测定，所以可作为微量测糖之法。一般在样品少的情况下，采用此法比较合适。蒽酮比色定糖法是一个快速而简便的定糖方法。

3. 材料、设备与试剂

（1）材料　小麦幼苗分蘖节或其他植物材料的幼嫩组织。

（2）设备　分光光度计、漏斗、漏斗架、电子天平、容量瓶（50 mL）、三角瓶（50 mL）、移液管（1 mL、2 mL、5 mL）、刻度具塞试管（10 mL）、试管架、试管夹、恒温水浴锅等。

（3）试剂

① 100 μg/mL 葡萄糖标准液。

② 浓硫酸。

③ 蒽酮试剂：取 0.2 g 蒽酮溶于 100 mL 浓 H_2SO_4 中，当日配制当日使用。

4. 操作步骤

（1）葡萄糖标准曲线的制作　取 7 支试管，按表 6-2 配制一系列不同浓度的葡萄糖溶液。

表 6-2　蒽酮比色法测定葡萄糖含量的标准曲线制作

试剂	试管号						
	1	2	3	4	5	6	7
葡萄糖标准液/mL	0	0.1	0.2	0.3	0.4	0.6	0.8
蒸馏水/mL	1.0	0.9	0.8	0.7	0.6	0.4	0.2
每管葡萄糖含量/μg	0	10	20	30	40	60	80

在每支试管中，加入蒽酮试剂 4.0 mL，迅速浸于冰水浴中冷却。各管加完后一起浸于沸水浴中，管口加盖玻璃球，以防蒸发。自水浴重新煮沸起，准确煮沸 10 min 取出，用自来水流水冷却，室温放置 10 min，在 620 nm 波长下比色。以每管标准葡萄糖含量（μg）为横坐标，以吸光度值为纵坐标，绘制标准曲线。

（2）植物样品中可溶性糖的提取　将植物材料剪碎至长度 2 mm 以下，准确称取 1 g，放入 50 mL 三角瓶中，加沸水 25 mL，在水浴中加盖煮沸 10 min，冷却后过滤，滤液收集在 50 mL 容量瓶中，用蒸馏水定容至刻度。吸取提取液 5 mL 置于另一个 50 mL 容量瓶中，用蒸馏水稀释定容，摇匀，用于测定。

（3）样品中总糖的提取、水解　先准确称取植物鲜样 1~2 g（或干样 0.5 g），加水 3 mL 在研钵中磨成匀浆，转入三角瓶。用 12 mL 水冲洗研钵 2~3 次，洗出液转入三角瓶中。再向三角瓶中加入 10 mL 6 mol/L HCl，搅匀后在沸水浴中水解 0.5 h，冷却后用 10% NaOH 中和至 pH 呈中性。最后用蒸馏水定容至 100 mL，过滤，取滤液，用蒸馏水稀释成 1 000 倍的总糖水解液。

（4）测定　吸取已稀释的可溶性糖和总糖提取液各 1 mL（做平行样 2 份）于试管中，加入 4.0 mL 蒽酮试剂，迅速浸于冰水浴中冷却。各管加完后一起浸于沸水浴中，管口加盖玻璃球，以防蒸发。自水浴重新煮沸起，准确煮沸 10 min 取出，用自来水流水冷却，室温放置 10 min，测定 620 nm 波长处的吸光度，根据吸光度平均值，在标准曲线上查出测定管中葡萄糖的含量（μg）。

5. 计算　按下列公式计算样品中的糖含量。

$$X = \frac{a \times b \times V_{总}}{c \times V_{测}} \times 100$$

式中：X——100 g 样品中糖含量，μg；

　　　a——样品待测液的稀释倍数，可溶性糖为 10，总糖为 1 000；

　　　b——样品待测液含糖质量（标准曲线查得葡萄糖质量），μg；

　　　c——样品质量，g；

　　　$V_{总}$——糖溶液的总体积，可溶性糖为 50 mL，总糖为 100 mL；

　　　$V_{测}$——测定所用糖溶液的体积，均为 1 mL。

6. 注意事项

① 该显色反应非常灵敏，溶液中切勿混入纸屑及尘埃。

② H_2SO_4 要用高纯度的。

③ 不同糖类与蒽酮的显色有差异，稳定性也不同。加热、比色时间应严格掌握。

④ 注意不要将本实验使用的强酸洒在仪器及皮肤、衣物上。

（三）3,5-二硝基水杨酸比色定糖法

1. 目的 掌握 3,5-二硝基水杨酸比色定糖法测定还原糖和总糖的基本原理；学习分光光度计的使用。

2. 原理 还原糖是指含有自由醛基或酮基的糖类。单糖都是还原糖，双糖和多糖不一定是还原糖，其中乳糖和麦芽糖是还原糖，蔗糖和淀粉是非还原糖。利用糖的溶解度不同，可将植物样品中的单糖、双糖和多糖分别提取出来，对没有还原性的双糖和多糖，可先用酸水解法使其降解成有还原性的单糖进行测定，再分别求出样品中还原糖和总糖的含量（还原糖以葡萄糖含量计）。

在碱性条件下，还原糖与 3,5-二硝基水杨酸共热，还原糖被氧化成糖酸及其他产物，3,5-二硝基水杨酸则被还原为棕红色的 3-氨基-5-硝基水杨酸。具体反应如下：

3,5-二硝基水杨酸（黄色）　　3-氨基-5-硝基水杨酸（棕红色）

在一定范围内，还原糖的量与棕红色物质颜色的深浅成正比关系。利用分光光度计，在波长为 540 nm 处测定棕红色物质的吸光度，查对标准曲线并计算，便可求出样品中还原糖和总糖的含量。

由于多糖水解为单糖时，每断裂一个糖苷键需加入 1 分子水，所以在计算多糖含量时应乘以 0.9 才为实际的总糖量。

3. 材料、设备与试剂

（1）**材料** 小麦面粉。

（2）**设备** 具塞玻璃刻度试管（25 mL）、大离心管（50 mL）、烧杯（100 mL）、三角瓶（100 mL）、容量瓶（100 mL）、刻度吸管（1 mL、2 mL、10 mL）、恒温水浴锅、沸水浴、离心机（带离心管）、电子天平、分光光度计、移液管、洗耳球、胶头滴管、棕色试剂瓶、精密 pH 试纸等。

（3）**试剂**

① 1 mg/mL 葡萄糖标准液：准确称取 80 ℃烘至恒量的分析纯葡萄糖 100 mg，置于小烧杯中，加少量蒸馏水溶解后，转移到 100 mL 容量瓶中，用蒸馏水定容至 100 mL，混匀，4 ℃冰箱中保存备用。

② 3,5-二硝基水杨酸（DNS）试剂：将 6.3 g 3,5-二硝基水杨酸和 262 mL 2 mol/L NaOH 溶液加到 500 mL 含有 185 g 酒石酸钾钠的热水溶液中，再加 5 g 结晶酚和 5 g 亚硫酸钠，搅拌溶解，冷却后加蒸馏水定容至 1 000 mL，贮于棕色瓶中备用。

③ 酚酞指示剂：称取 0.1 g 酚酞，溶于 250 mL 70％乙醇中。

④ 6 mol/L HCl。

⑤ 6 mol/L NaOH。

4. 操作步骤

（1）制作葡萄糖标准曲线　取 7 支 25 mL 具塞刻度试管编号，按表 6-3 分别加入浓度为 1 mg/mL 的葡萄糖标准液、蒸馏水和 3,5-二硝基水杨酸（DNS）试剂，配成葡萄糖含量不同的反应液。

表 6-3　3,5-二硝基水杨酸法测葡萄糖含量的标准曲线制作

试剂	试管号						
	0	1	2	3	4	5	6
葡萄糖标准液/mL	0	0.2	0.4	0.6	0.8	1.0	1.2
蒸馏水/mL	2	1.8	1.6	1.4	1.2	1	0.8
3,5-二硝基水杨酸/mL	1.5	1.5	1.5	1.5	1.5	1.5	1.5
每管葡萄糖含量/mg	0	0.2	0.4	0.6	0.8	1.0	1.2

将各管摇匀，在沸水浴中加热 5 min，取出后立即冷却至室温，再以蒸馏水定容至 25 mL，加塞后颠倒混匀。在波长 540 nm 下，用 0 号管调零，分别读取 1～6 号管的吸光度。以吸光度为纵坐标，每管葡萄糖含量（mg）为横坐标，绘制标准曲线；或用 Excel 制作标准曲线，并求出曲线函数（$y=ax+b$）。

（2）样品中还原糖和总糖的测定

① 还原糖的提取：取 0.3 g 面粉（注意，取样和试剂成比例即可），倒入 50 mL 烧杯中，先以少量蒸馏水搅匀，置于 50 ℃恒温水浴锅中保温 20 min（其间搅拌或摇晃），使还原糖浸出。然后转入离心管中，3 000～4 000 r/min 离心 5 min，上清液回收，并定容至 10 mL，混匀，作为还原糖待测液。

② 总糖的水解和提取：准确称取 0.1 g 面粉于小烧杯中，加入 1 mL 6 mol/L HCl 及 1.5 mL 蒸馏水，置于沸水浴中加热水解 30 min；待离心管中的水解液冷却后，加入 1 滴酚酞指示剂，以 6 mol/L NaOH 中和至微红色；用蒸馏水定容至 10 mL，混匀；将定容过的水解液过滤（或 3 000～4 000 r/min 离心 5 min，取上清液），精确吸取滤液 1 mL，移入另一 25 mL 的离心管中定容至 10 mL，混匀，作为总糖待测液。

③ 显色和比色：取 4 支 25 mL 具塞刻度试管，编号如表 6-4 所示，按表中所示分别加入待测液和显色剂，空白调零可使用制作标准曲线的 0 号管。

表 6-4　还原糖、总糖测定

试剂	还原糖测定试管编号		总糖测定试管编号		空白调零编号
	1	2	3	4	0
还原糖待测液/mL	0.5	0.5	0	0	0
总糖待测液/mL	0	0	1	1	0
蒸馏水/mL	1.5	1.5	1	1	2
3,5-二硝基水杨酸试剂/mL	1.5	1.5	1.5	1.5	1.5

将各管摇匀，在沸水浴中加热 5 min，取出后立即冷却至室温，再以蒸馏水定容至 25 mL，混匀。在波长 540 nm 下，测定吸光度。

5. 计算　计算试管 1、试管 2 的吸光度平均值和试管 3、试管 4 的吸光度平均值，分别在标准曲线上查出相应的还原糖质量（mg），或代入标准曲线的函数中，算出相应的还原糖

质量（mg）。计算出 100 g 样品中还原糖和总糖的含量。

$$100 \text{ g 样品中还原糖含量 (g)} = \frac{m_{糖测} \times V_总 \times 100}{m_样 \times V_测 \times 1\,000}$$

$$100 \text{ g 样品总糖含量 (g)} = \frac{m_{水解后糖测} \times V_总 \times 0.9 \times 100}{m_样 \times V_测 \times 1\,000}$$

式中：$m_{糖测}$——根据标准曲线查的样品中的还原糖含量，mg；

$m_{水解后糖测}$——根据标准曲线查的样品水解后还原糖含量，mg；

$V_总$——样品溶液的总体积，mL；

$V_测$——测定用样品溶液的体积，mL；

$m_样$——样品质量，g。

6. 注意事项

① 离心时对称位置的离心管必须配平。

② 标准曲线制作与样品测定应同时进行显色，并使用同一空白调零点和比色。

③ 面粉中还原糖含量较少，计算总糖时可将其合并入多糖一起考虑。

④ 使用强酸、强碱时应戴手套，要小心操作，用完立即盖好盖子放在安全的位置。

二、血液中葡萄糖的测定（福林-吴宪氏法）

1. 目的　掌握测定血糖含量的原理和方法；掌握离心机和分光光度计的使用方法。

2. 原理　动物血液中的糖主要是葡萄糖。正常情况下，动物血液中葡萄糖浓度相对恒定。健康家兔的 100 mL 血液中葡萄糖水平为 80～120 mg。由于葡萄糖是一种多羟基的醛类，其半缩醛羟基具有还原性。当其与碱性铜试剂（这种试剂中含有的酒石酸二钠是络合剂，与铜盐结合成络合物而溶解）混合加热后，它的醛基被氧化成羧基，而试剂中的高铜（Cu^{2+}）被还原为红黄色的氧化亚铜（Cu_2O）而沉淀。氧化亚铜又可使磷（砷）钼酸还原生成钼蓝，使溶液呈蓝色，其蓝色深浅与血液中葡萄糖浓度成正比。无蛋白血滤液与葡萄糖标准液同时进行比色测定，便可计算出血液中的葡萄糖含量。这种测定方法称为福林-吴宪氏法。

福林-吴宪氏法的优点是稳定、准确。但此方法操作烦琐（比如需制备无蛋白血滤液），受血液中非糖还原物质的影响。

3. 材料、设备与试剂

（1）材料　家兔血液。

（2）设备　分光光度计、恒温水浴锅、刻度吸管、玻璃漏斗、锥形瓶、抗凝管、试管等。

（3）试剂

① 碱性铜试剂：在 400 mL 蒸馏水中加入无水碳酸钠 40 g；在 300 mL 蒸馏水中加入酒石酸7.5 g；在 200 mL 蒸馏水中加入硫酸铜结晶（$CuSO_4 \cdot 5H_2O$）4.5 g。以上烧杯分别加热使其溶解，待其冷却后将酒石酸溶液倾入碳酸钠溶液内，混合移入 1 000 mL 容量瓶内，再将硫酸铜溶液倾入并加蒸馏水至刻度，即碱性铜试剂。此试剂可在室温下长期保存，若放置数周后有沉淀产生，可用优质滤纸过滤后再使用。试剂中各化学成分的变化为：

$$Na_2CO_3 + 2H_2O \longrightarrow H_2CO_3 + 2NaOH$$

$$CuSO_4 + 2NaOH \longrightarrow Cu(OH)_2 \downarrow + Na_2SO_4$$

② 磷钼酸试剂：在烧杯内加入钼酸 70 g、钨酸钠 10 g、10％ NaOH 溶液 400 mL 及蒸馏水 400 mL。混合后在电炉上煮沸 20～40 min，以除去钼酸内可能存在的氨。冷却后加入 85％浓磷酸 250 mL，混合，最后用蒸馏水稀释至 1 000 mL。

③ 0.25％苯甲酸溶液：称取苯甲酸 2.5 g 加入 1 000 mL 蒸馏水中，煮沸使其溶解。冷却后补加蒸馏水至 1 000 mL，此试剂可长期保存。

④ 葡萄糖标准液：

A. 贮存液（10 mg/mL）：将少量无水葡萄糖（化学纯）置于硫酸干燥器内过夜。精确称取此葡萄糖 1 g，以 0.25％苯甲酸溶液溶解并稀释至 100 mL。置冰箱中可长期保存。

B. 应用液（0.1 mg/mL）：准确吸取上述贮存液 1.0 mL，加入 100 mL 容量瓶内，以 0.25％苯甲酸溶液稀释至刻度。

⑤ 磷钼酸稀释液（1＋4）：取磷钼酸溶液 1 份加蒸馏水 4 份，混匀即成。

⑥ 10％钨酸钠溶液：取钨酸钠（$Na_2WO_4 \cdot 2H_2O$）10 g，用蒸馏水溶解并稀释至 100 mL。此溶液以 1％酚酞为指示剂检测应为中性（无色）或微碱性（粉红色），可保存约半年。

⑦ 1/3 mol/L 硫酸溶液：取蒸馏水 2 份加标定过的 1.0 mol/L 硫酸 1 份，混合后即可使用。

4. 操作步骤

（1）无蛋白血滤液的制备

① 取 1 只家兔饥饿 16～25 h，从心脏或耳静脉采血，滴入抗凝管中，随即摇动试管使血液与抗凝剂混匀。

② 量取蒸馏水 7 份，加入锥形瓶或大试管内。

③ 用吸管吸取抗凝血 1 份，擦去管尖外周血液，插入蒸馏水底层，缓缓将血液加于水层之下，吸取上清，水洗涤吸管数次。直至血液全部洗净为止，充分混合，使血细胞完全溶解。

④ 加入 1/3 mol/L 硫酸溶液 1 份，随加随摇晃。

⑤ 加入 10％钨酸钠溶液 1 份，随加随摇晃。

⑥ 放置约 5 min 后，若振摇不再发生泡沫，说明蛋白质完全变性沉淀，2 500 r/min 离心 10 min，或用优质不含氮的滤纸过滤除去沉淀，即得稀释 10 倍且完全澄清无色的无蛋白血滤液。

（2）反应试验 取 4 支血糖管，按表 6-5 进行操作。

表 6-5 葡萄糖的还原性反应

试剂及操作	空白	标准	样品 1	样品 2
无蛋白血滤液/mL	0	0	1.0	1.0
蒸馏水/mL	2.0	1.0	1.0	1.0
葡萄糖标准应用液/mL	0	1.0	0	0
碱性铜试剂/mL	2.0	2.0	2.0	2.0
处理	混合，置沸水中煮 8 min，于流动冷水内冷却 3 min（勿摇动）			
磷钼酸试剂/mL	2.0	2.0	2.0	2.0
处理	混匀，放置 2 min（使气体逸出）			
磷钼酸稀释液（1＋4）/mL	25	25	25	25

混合后立即用空白管调零，在波长 620 nm 处测定各试管的吸光度。

5. 计算　将测得数值代入下面公式计算。

$$葡萄糖含量（mg/mL）= \frac{测定管吸光度 \times 稀释倍数}{标准管吸光度} \times 0.1$$

6. 注意事项

① 一定要等水沸后再放入血糖管，加热时间必须准确，否则会影响实验结果的准确性。

② 加入磷钼酸试剂后显色不稳定，应迅速进行比色。

三、蛋白质含量的测定

（一）双缩脲法测定蛋白质含量

1. 目的　掌握双缩脲法测定蛋白含量的原理和方法；学会分光光度计的使用；掌握离心技术及其注意事项。

2. 原理　碱性溶液中双缩脲（$NH_2—CO—NH—CO—NH_2$）能与 Cu^{2+} 反应产生紫红色的络合物，这一反应称为双缩脲反应或缩二脲反应。具体反应如下：

首先两分子尿素缩合形成缩二脲。

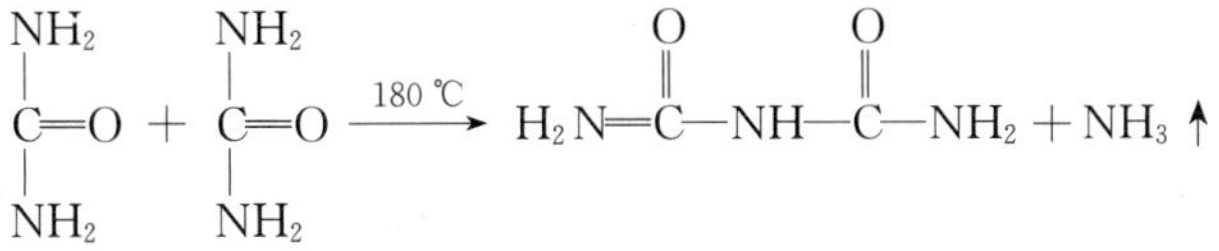

然后缩二脲与 Cu^{2+} 缩合成紫红色的络合物，络合物的分子式为：

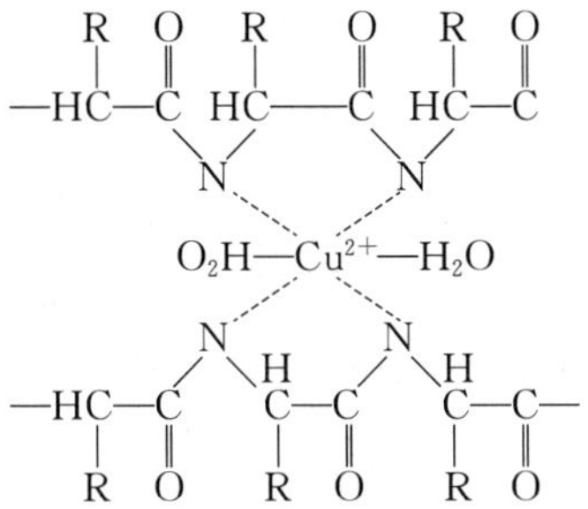

蛋白质分子中的肽键也能与 Cu^{2+} 发生双缩脲反应，形成紫红色络合物，该紫红色溶液在波长 540 nm 处具有最大吸光度。溶液紫红色的深浅与蛋白质含量在一定范围内符合朗伯-比尔定律，而与蛋白质的氨基酸组成及分子质量无关。其可测定范围为 1～10 mg 蛋白质，适用于精度要求不高的蛋白质含量测定，还可用于蛋白质的快速测定。

3. 材料、设备与试剂

（1）材料　小麦、玉米或其他谷物样品，风干、磨碎并通过孔径为 150 μm 铜筛。

（2）设备　分光光度计、分析天平、振荡机、刻度吸管、具塞三角瓶、漏斗等。

（3）试剂

① 双缩脲试剂：取硫酸铜（$CuSO_4 \cdot 5H_2O$）1.5 g 和酒石酸钾钠（$NaKC_4H_4O_6 \cdot 4H_2O$）6.0 g，溶于 500 mL 蒸馏水中，在搅拌的同时加入 300 mL 10% NaOH 溶液，定容至 1 000 mL，贮于内壁涂石蜡的试剂瓶或塑料瓶中。

② 0.05 mol/L NaOH。

③ 标准酪蛋白溶液（5 mg/mL）：准确称取酪蛋白 0.5 g 溶于 0.05 mol/L NaOH 溶液中，并定容至 100 mL，即为标准溶液。

④ CCl₄ 原液。

4. 操作步骤

（1）标准曲线的绘制　取 6 支试管，编号，按表 6-6 加入试剂。

表 6-6　双缩脲法测定蛋白质含量的标准曲线制作

试剂	试管号					
	1	2	3	4	5	6
标准酪蛋白溶液/mL	0	0.2	0.4	0.6	0.8	1.0
蒸馏水/mL	1	0.8	0.6	0.4	0.2	0
双缩脲试剂/mL	4	4	4	4	4	4
蛋白质浓度/（mg/mL）	0	1	2	3	4	5

振荡 10 min，室温静置 20～30 min，波长 540 nm 处测定吸光度值，以蛋白质浓度（mg/mL）为横坐标，吸光度为纵坐标，绘制标准曲线。

（2）样品测定

① 将磨碎过筛的谷物样品在 80 ℃下烘至恒量，取出置于干燥器中冷却待用。

② 称取烘干样品约 0.2 g 两份，分别放入两个干燥的三角瓶中。然后在各瓶中分别加 5 mL 0.05 mol/L NaOH 溶液湿润，加入少量 CCl₄ 原液之后再加入 20 mL 双缩脲试剂，振荡 10 min，室温静置 20～30 min，分别过滤或离心，取滤液或上清液在波长 540 nm 处比色，在标准曲线上查出相应的蛋白质浓度。

5. 计算

$$100 \text{ g 样品中蛋白质含量（g）} = \frac{c_{样} \times V \times 100}{m_{样} \times 1\,000}$$

式中：$c_{样}$——根据标准曲线查的样品中的蛋白质浓度，mg/mL；

V——样品溶液的总体积，按 5 mL 计算（CCl₄ 忽略不计），mL；

$m_{样}$——样品质量，g。

（二）Folin-酚试剂法测定蛋白质含量

1. 目的　熟悉并掌握 Folin-酚试剂法测定蛋白质含量的原理和方法；掌握分光光度计的使用方法。

2. 原理　用 Folin-酚试剂测定蛋白质含量的方法灵敏度较高，被广泛使用。该试剂由双缩脲试剂和酚试剂两部分组成。首先是在碱性条件下蛋白质与 Cu^{2+} 作用生成络合物，此络合物可还原酚试剂（磷钼酸和磷钨酸试剂），生成蓝色化合物（钼蓝和钨蓝混合物），其在波长 500 nm 处有最大吸光度，且颜色深浅与蛋白质的含量成正比关系，可用比色法来测定。此法也适用于酪氨酸或色氨酸的定量测定。

3. 材料、设备与试剂

（1）**材料**　小麦粉或血清。

（2）**设备**　可见分光光度计、恒温水浴锅、回流冷凝管等。

（3）试剂

① Folin-酚试剂甲：将 1 g 无水碳酸钠（Na_2CO_3）溶于 50 mL 0.1 mol/L NaOH 溶液中；另将 0.5 g 硫酸铜（$CuSO_4 \cdot 5H_2O$）溶于 100 mL 1％酒石酸钾（或酒石酸钠）溶液中。然后取前者 50 mL，与硫酸铜-酒石酸钾溶液 1 mL 混合，混合后的溶液当日内有效。

② Folin-酚试剂乙：将 100 g 钨酸钠（$Na_2WO_4 \cdot 2H_2O$）、25 g 钼酸钠（$Na_2MoO_4 \cdot 2H_2O$）、700 mL 蒸馏水、50 mL 85％磷酸及 100 mL 浓盐酸置于 1 500 mL 磨口圆底烧瓶中，充分混匀后，接上回流冷凝管，小火回流 10 h。回流完毕，再加入 150 g 硫酸锂、50 mL 蒸馏水及数滴溴水，开口继续煮沸 15 min，驱除过量的溴（在通风橱内进行）。冷却后稀释至 1 000 mL，过滤，滤液呈微绿色，贮于棕色瓶中。临用前，用标准 NaOH 溶液滴定，用酚酞作指示剂（由于试剂微绿，影响滴定终点的观察，可将试剂稀释 100 倍再进行滴定）。根据滴定结果，将试剂稀释至相当于 1 mol/L 的酸（稀释 1 倍左右），贮于冰箱中可长期保存。

③ 蛋白质标准溶液：配制 250 μg/mL 的牛血清白蛋白溶液。

④ 0.5 mol/L NaOH 溶液。

4. 操作步骤

（1）**标准曲线的绘制**　取 6 支干净试管编号，按表 6-7 加入试剂。

表 6-7　Folin-酚试剂法测定蛋白质含量的标准曲线制作

试剂及操作	试管号					
	1	2	3	4	5	6
蛋白质标准溶液/mL	0	0.2	0.4	0.6	0.8	1.0
蒸馏水/mL	1.0	0.8	0.6	0.4	0.2	0
蛋白质含量/μg	0	50	100	150	200	250
处理			混匀			
Folin-酚试剂甲/mL	5	5	5	5	5	5
处理			混合后在室温下放置 10 min			
Folin-酚试剂乙/mL	0.5	0.5	0.5	0.5	0.5	0.5

加入 Folin-酚试剂乙后要立即混合均匀，这一步速度要快，否则会使显色程度减弱。30 min 后，以不含蛋白质的 1 号试管为对照，其他 5 支试管内的溶液于波长 500 nm 处比色。记录各试管内溶液的吸光度值，以吸光度为纵坐标，以每管蛋白质含量（μg）为横坐标，绘制吸光度-蛋白质含量标准曲线。

（2）**样品液测定**

① 植物样品液：准确称取 1 g 小麦粉置于大试管中，加入 0.5 mol/L NaOH 溶液 10 mL，摇匀后加盖置于 90 ℃ 水浴中 15 min，取出冷却至室温，将样品全部转移至 100 mL 容量瓶中，试管内的残渣用少量蒸馏水冲洗数次，冲洗液一并倒入容量瓶中，定容至刻度，摇匀，然后过滤，即为植物样品液，备用。

取 3 支试管编号，按照表 6-8 加入试剂。

表 6 - 8　样品液的处理

试剂及操作	试管号		
	1	2	3
样品溶液/mL	0	0.2	0.2
蒸馏水/mL	1.0	0.8	0.8
处理		混匀各管	
Folin -酚试剂甲/mL	5	5	5
处理		混合后在室温下放置 10 min	
Folin -酚试剂乙/mL	0.5	0.5	0.5

迅速混匀，室温下放置 30 min，于 500 nm 波长处比色，测定 2、3 号管的吸光度，并计算平均值，从标准曲线上查出蛋白质含量。

② 动物样品液：将血清稀释 100 倍后即为样品溶液。取 3 支试管，编号，按照表 6 - 8 加入试剂。迅速混匀，室温下放置 30 min，以 1 号管调零，于 500 nm 波长处比色，测定 2、3 号管的吸光度，并计算平均值，从标准曲线上查出蛋白质含量。

5. 计算　从标准曲线上查出测定液中蛋白质的含量，然后计算样品中蛋白质的百分含量。

$$样品中蛋白质的百分含量 = \frac{m_1 \times V_2 \times 稀释倍数 \times 10^{-6}}{V_1 \times m} \times 100\%$$

式中：m_1——从标准曲线上查出的蛋白质含量，μg；

　　　V_1——血清（或样品滤液）测定时的体积，mL；

　　　V_2——血清（或样品滤液）的总体积，mL；

　　　m——测定材料的质量，g。

6. 注意事项　Folin -酚试剂乙在碱性条件下不稳定，此实验中反应在 pH 10 时发生，因此在 Folin -酚试剂反应时应立即混匀，否则显色程度减弱。本法也可用于游离酪氨酸和色氨酸的测定。

（三）紫外吸收法测定蛋白质含量

1. 目的　学习紫外吸收法测定蛋白质含量的原理；掌握紫外分光光度计的使用及注意事项。

2. 原理　色氨酸、酪氨酸和苯丙氨酸由于侧链 R 基中的芳香族基团含有共轭双键，所以具有紫外吸收的特点。蛋白质由于含有这几种氨基酸故具有紫外吸收的性质。蛋白质的紫外最大吸收波长为 280 nm。测定已知的不同浓度的蛋白质溶液在波长 280 nm 处的吸光度（A_{280}），并制作标准曲线，确定蛋白质含量和吸光度之间的关系，根据未知样品的吸光度，即可求得未知样的蛋白质含量。

利用紫外吸收法测定蛋白质含量的优点是迅速、用量少，而且不消耗试剂和样品，低浓度盐类不干扰测定，所以在蛋白质和酶的制备中被广泛应用。该方法的缺点是：①当测定的样品蛋白质与标准蛋白质中酪氨酸和色氨酸含量差别较大时，蛋白质测定结果误差较大；②当样品中含有嘌呤、嘧啶等吸收紫外光的物质时，会出现较大的干扰；③紫外吸收可测定的蛋白质浓度范围为 0.1～0.5 mg/mL。

3. 材料、设备与试剂

（1）材料　待测蛋白质溶液。

（2）设备　紫外分光光度计、容量瓶、移液管、刻度试管等。

（3）试剂

① 0.9% NaCl 溶液。

② 标准蛋白质溶液（1 mg/mL）：取 100 mg 牛血清白蛋白，用 0.9% NaCl 溶液溶解并定容至 100 mL 容量瓶中。

4. 操作步骤

（1）标准曲线的制作　取 8 支试管，按表 6-9 加入试剂。

表 6-9　紫外吸收法测定蛋白质含量的标准曲线制作

试剂	试管号							
	1	2	3	4	5	6	7	8
标准蛋白质溶液/mL	0	0.5	1.0	1.5	2.0	2.5	3.0	4.0
蒸馏水/mL	4.0	3.5	3.0	2.5	2.0	1.5	1.0	0
每管蛋白质含量/mg	0	0.5	1.0	1.5	2.0	2.5	3.0	4.0

将各试管混匀，选择光程 1 cm 的石英比色杯，在波长 280 nm 处测定各管的吸光度。以蛋白质含量（mg）为横坐标，吸光度为纵坐标，绘制标准曲线。

（2）样品中蛋白质含量的测定　取待测蛋白质溶液 1 mL，加入蒸馏水 3 mL，摇匀，以表 6-9 中 1 号管调零，测定 A_{280}。

5. 计算

$$100 \text{ g 样品中蛋白质含量（mg）} = \frac{m_1 \times V_{总} \times 100}{V_{测} \times m_{样}}$$

式中：m_1——标准曲线上查出的蛋白质含量，mg；

$\quad\quad V_{总}$——蛋白质溶液总体积，mL；

$\quad\quad V_{测}$——测定用蛋白质溶液体积，mL；

$\quad\quad m_{样}$——样品质量，g。

（四）考马斯亮蓝染色法测定蛋白质含量

1. 目的　学习和掌握考马斯亮蓝 G-250 染色法测定蛋白质含量的原理和方法；掌握标准曲线绘制方法及注意事项。

2. 原理　考马斯亮蓝 G-250 测定蛋白质含量属于染料结合法的一种。考马斯亮蓝 G-250 在游离状态下呈红色，最大光吸收在 488 nm；当它与蛋白质结合后变为青色，蛋白质-色素结合物在波长 595 nm 下有最大光吸收。其吸光度与蛋白质含量成正比，因此可用于蛋白质的定量测定。蛋白质与考马斯亮蓝 G-250 结合在 2 min 左右的时间内达到平衡；其结合物在室温下 1 h 内保持稳定。该法是 1976 年 Bradford 建立的，试剂配制简单，操作简便快捷，反应非常灵敏，灵敏度比 Folin-酚法还高 4 倍，可测定微克级蛋白质。测定蛋白质浓度范围为 0～1 000 μg/mL，是一种常用的微量蛋白质快速测定方法。

3. 材料、设备与试剂

（1）材料　新鲜绿豆芽。

（2）设备　分析天平、台式天平、刻度吸管、具塞试管、试管架、研钵、离心机、离心管、烧杯、量筒、微量取样器、分光光度计等。

（3）试剂

① 牛血清白蛋白标准溶液：准确称取 100 mg 牛血清白蛋白，溶于 100 mL 蒸馏水中，即为 1 000 μg/mL 的原液。

② 考马斯亮蓝 G-250 试剂：称取 100 mg 考马斯亮蓝 G-250，溶于 50 mL 90％乙醇中，加入 85％磷酸 100 mL，最后用蒸馏水定容到 1 000 mL。此溶液在常温下可放置 1 个月。

4. 操作步骤

（1）标准曲线的制作

① 0～100 μg/mL 标准曲线的制作：取 6 支 10 mL 干净的具塞试管，按表 6-10 取样。

表 6-10　考马斯亮蓝染色法测定蛋白质含量的低浓度标准曲线制作

试剂	试管号					
	1	2	3	4	5	6
1 000 μg/mL 标准蛋白液/mL	0	0.02	0.04	0.06	0.08	0.10
蒸馏水/mL	1.00	0.98	0.96	0.94	0.92	0.90
考马斯亮蓝 G-250 试剂/mL	5	5	5	5	5	5
每管蛋白质含量/μg	0	20	40	60	80	100

盖塞后，将各试管中溶液纵向倒转混合，放置 2 min 后用 1 cm 光程的比色杯在 595 nm 波长下比色，记录各管测定的吸光度 A_{595}。以每管蛋白质含量（μg）为横坐标，以吸光度为纵坐标，绘制标准曲线。

② 0～1 000 μg/mL 标准曲线的制作：另取 6 支 10 mL 具塞试管，按表 6-11 取样。盖塞后，将各试管中溶液纵向倒转混合，放置 2 min 后用 1 cm 光程的比色杯在 595 nm 波长下比色，记录各管测定的吸光度 A_{595}。以每管蛋白质含量（μg）为横坐标，以吸光度为纵坐标，绘制标准曲线。

表 6-11　考马斯亮蓝染色法测定蛋白质含量的高浓度标准曲线制作

试剂	试管号					
	1	2	3	4	5	6
1 000 μg/mL 标准蛋白液/mL	0	0.2	0.4	0.6	0.8	1.0
蒸馏水/mL	1.00	0.8	0.6	0.4	0.2	0
考马斯亮蓝 G-250 试剂/mL	5	5	5	5	5	5
每管蛋白质含量/μg	0	200	400	600	800	1 000

（2）样品中蛋白质浓度的测定

① 待测样品提取液制备：称取新鲜绿豆芽下胚轴 2 g 放入研钵中，加 2 mL 蒸馏水研磨成匀浆，转移到离心管中，再用 6 mL 蒸馏水分次洗涤研钵，洗涤液收集于同一离心管中，放置 0.5～1 h 以充分提取，然后 4 000 r/min 离心 20 min，弃去沉淀，上清液转入 10 mL 容量瓶中，并以蒸馏水定容至刻度，即得待测样品提取液。

② 蛋白质含量的测定：取蛋白质待测样品提取液 0.1 mL，加蒸馏水 0.9 mL、考马斯亮蓝 G-250 试剂 5.0 mL。做 2 次重复。充分混合，放置 2 min 后，以 1 号管为空白管，用

1 cm 光程比色杯在波长 595 nm 处比色，记录 2 次的吸光度，并计算其平均值，通过标准曲线查得待测样品提取液中蛋白质的含量 m_1（μg）。

5. 计算

$$样品中蛋白质含量（\mu g/g）=\frac{m_1\times V_总}{m_样\times V_测}$$

式中：m_1——在标准曲线上查得的蛋白质含量，μg；

$\quad\quad V_总$——提取液总体积，mL；

$\quad\quad V_测$——测定时取样体积，mL；

$\quad\quad m_样$——样品质量，g。

6. 注意事项

① 考马斯亮蓝染色法由于染色方法简单迅速，干扰物质少，灵敏度高，现已广泛应用于蛋白质含量的测定。

② 有些阳离子（如 K^+、Na^+、Mg^{2+}）和（NH_4）$_2SO_4$、乙醇等物质不干扰测定，但大量的去污剂如 TritonX-100、SDS 等干扰严重。

③ 蛋白质与考马斯亮蓝 G-250 结合的反应十分迅速，在 2 min 左右的时间反应即达到平衡；其结合物在室温下 1 h 内保持稳定。因此测定时，反应物不可放置太长时间，否则将使测定结果偏低。

四、花椰菜 DNA 的提取与二苯胺显色法测定 DNA 的含量

1. 目的　学习分离提取植物总 DNA 的原理和方法；掌握二苯胺显色法检测 DNA 含量的原理及操作。

2. 原理　在浓 NaCl（1～2 mol/L）溶液中，DNA 溶解度大而 RNA 溶解度小；在稀 NaCl（0.14 mol/L）溶液中，DNA 溶解度小而 RNA 溶解度大。因此，可利用不同浓度的 NaCl 溶液将 DNA 和 RNA 样品分开；SDS 可将核蛋白分离出来。

在酸性条件下加热 DNA，其嘌呤碱与脱氧核糖间的糖苷键断裂，生成嘌呤碱、脱氧核糖和脱氧嘧啶核苷酸，而脱氧核糖在酸性环境中加热脱水生成 ω-羟基-γ-酮基戊糖，与二苯胺试剂反应生成蓝色物质，该蓝色物质在波长 595 nm 处有最大吸收。具体反应如下：

脱氧核糖　　　ω-羟基-γ-酮基戊醛

DNA 在 40～400 μg 范围内，上述反应蓝色产物的吸光度与 DNA 的浓度成正比。在反应液中加入少量乙醛，可以提高反应灵敏度。

3. 材料、设备与试剂

（1）材料　新鲜的花椰菜。

（2）仪器　恒温水浴锅、分光光度计等。

（3）试剂

① 5 mol/L NaCl 溶液。

② 0.14 mol/L NaCl - 0.15 mol/L EDTA - Na_2 溶液。

③ 25% SDS 溶液。

④ 氯仿-异戊醇（24+1，体积比）。

⑤ 3 mol/L 乙酸钠- 0.001 mol/L EDTA - Na_2 溶液。

⑥ 95% 乙醇。

⑦ DNA 标准溶液：准确称取小牛胸腺的 DNA 钠盐，以 0.01 mol/L NaOH 溶液配成 200 μg/mL 的溶液。

⑧ 二苯胺试剂：称取 1.5 g 二苯胺，溶于 100 mL 的分析纯冰乙酸中，再加入 1.5 mL 浓硫酸，混匀待用，临用前加入 1 mL 0.2% 乙醛，配好的试剂应为无色。

4. 操作步骤

（1）DNA 的提取

① 称取花椰菜 5 g，用水洗净，用吸水纸将水吸干净后放入研钵。加入少量石英砂和少量 0.14 mol/L NaCl - 0.15 mol/L EDTA - Na_2 溶液研磨至匀浆。

② 在上述匀浆液中加入 25% SDS 溶液 1 mL，60 ℃保温 10 min，并不断搅拌至溶液变黏稠。

③ 加入 5 mol/L NaCl 溶液 5 mL，搅拌 2 min，再加入等体积的氯仿-异戊醇，轻微振摇 2 min，装入离心管，5 000 r/min 离心 3 min，取上清液。

④ 收集上清液，加入 2 倍体积预冷的 95% 乙醇，用玻璃棒慢慢转动，可见 DNA 缠绕在玻璃棒上。

⑤ 待 DNA 略干，溶于 2 mL 水中，即 DNA 待测液。

（2）DNA 含量的测定

① 制作标准曲线：取 6 支洁净、干燥的试管，按表 6-12 加入试剂，充分混匀。于 60 ℃水浴中保温 1 h，冷却后于波长 595 nm 处以 1 号管为空白调零，测定各管吸光度（A_{595}）。以 DNA 的含量（μg/mL）为横坐标，吸光度为纵坐标，绘制标准曲线。

表 6-12　二苯胺法测定 DNA 含量的标准曲线制作

试剂	试管号					
	1	2	3	4	5	6
DNA 标准溶液/mL	0	0.4	0.8	1.2	1.6	2.0
H_2O/mL	2.0	1.6	1.2	0.8	0.4	0
DNA 含量/(μg/mL)	0	40	80	120	160	200
二苯胺试剂/mL	4	4	4	4	4	4

② 待测液中 DNA 含量的测定：取 DNA 待测液 2 mL，加二苯胺试剂 4 mL，充分混匀。于 60 ℃水浴中保温 1 h，冷却后于 595 nm 波长处以 1 号管为空白调零，测定吸光度（A_{595}）。2 次重复。若 DNA 待测溶液的 A_{595} 超出标准曲线中的吸光度范围，需对 DNA 待测液进行适当稀释。

5. 结果计算　按样品的吸光度值，从标准曲线上查出相对应的 DNA 含量。

6. 注意事项

① 减少物理因素对 DNA 的降解，提取动作要轻柔、缓慢，尽可能不要剧烈震荡和搅拌。

② 二苯胺试剂具有腐蚀性，且二苯胺反应产生的蓝色不易褪色，操作中应防止洒出，比色时，比色杯外面一定要擦干净。

五、淀粉酶活性的测定

1. 目的　掌握酶活性测定原理、操作及注意事项；学习和掌握测定淀粉酶（包括 α 淀粉酶和 β 淀粉酶）活性的原理和方法。

2. 原理　淀粉是植物中最主要的贮藏多糖，也是人和动物的重要食物、发酵工业的基本原料。淀粉经淀粉酶作用后生成葡萄糖、麦芽糖等小分子物质而被机体利用。淀粉酶主要包括 α 淀粉酶和 β 淀粉酶两种。α 淀粉酶可随机地作用于淀粉中的 α - 1，4 - 糖苷键，生成葡萄糖、麦芽糖、麦芽三糖、糊精等还原糖，同时使淀粉的黏度降低，因此又称为液化酶。β 淀粉酶可从淀粉的非还原性末端进行水解，每次水解下 1 分子麦芽糖，因此 β 淀粉酶又称为糖化酶。淀粉酶催化产生的这些还原糖能使 3,5 - 二硝基水杨酸还原，生成棕红色的 3 - 氨基 - 5 - 硝基水杨酸。

淀粉酶活性的大小与产生的还原糖的量成正比。用标准浓度的麦芽糖溶液制作标准曲线，用比色法测定淀粉酶作用于淀粉后生成的还原糖的量，以单位质量样品在一定时间内生成的麦芽糖的量表示酶活性 $[mg/(g \cdot min)]$。

淀粉酶存在于几乎所有植物中，特别是萌发后的禾谷类种子，淀粉酶活性最强。淀粉酶包括 α 淀粉酶和 β 淀粉酶。两种淀粉酶特性不同：α 淀粉酶不耐酸，在 pH 3.6 以下迅速钝化；β 淀粉酶不耐热，在 70 ℃ 15 min 即钝化。根据它们的这些特性，在测定活性时钝化其中之一，就可测出另一种淀粉酶的活性。本实验采用加热的方法钝化 β 淀粉酶，测出 α 淀粉酶的活性。在非钝化条件下测定淀粉酶总活性，再减去 α 淀粉酶的活性，就可求出 β 淀粉酶的活性。

3. 材料、设备与试剂

（1）材料　萌发的小麦种子（芽长约 1 cm）。

（2）设备　离心机、离心管、研钵、电炉、容量瓶（50 mL、100 mL）、恒温水浴锅、20 mL 具塞刻度试管、试管架、刻度吸管、分光光度计等。

（3）试剂

① 麦芽糖标准液（1 mg/mL）：精确称取 100 mg 麦芽糖，用蒸馏水溶解并定容至 100 mL。

② 3,5 - 二硝基水杨酸试剂：精确称取 3,5 - 二硝基水杨酸 1 g，溶于 20 mL 2 mol/L NaOH 溶液中，加入 50 mL 蒸馏水，再加入 30 g 酒石酸钾钠，待溶解后用蒸馏水定容至 100 mL。盖紧瓶塞，勿使 CO_2 进入，若溶液混浊可过滤后使用。

③ 0.1 mol/L pH 5.6 的柠檬酸缓冲液：

A 液（0.1 mol/L 柠檬酸）：称取 $C_6H_8O_7 \cdot H_2O$ 21.01 g，用蒸馏水溶解并定容至 1 L。

B 液（0.1 mol/L 柠檬酸钠）：称取 $Na_3C_6H_5O_7 \cdot 2H_2O$ 29.41 g，用蒸馏水溶解并定容至 1 L。

取 A 液 55 mL 与 B 液 145 mL 混匀，即为 0.1 mol/L pH 5.6 的柠檬酸缓冲液。

④ 1% 淀粉溶液：称取 1 g 淀粉溶于 0.1 mol/L pH 5.6 的柠檬酸缓冲液中并定容至 100 mL。

4. 操作步骤

（1）**标准曲线的制作** 取 7 支干净的具塞刻度试管，编号，按表 6-13 加入试剂，摇匀，置沸水浴中煮沸 5 min。取出后用自来水冷却，加蒸馏水定容至 20 mL。以 1 号管作为空白调零管，在 520 nm 波长下比色测定吸光度。以每管中麦芽糖含量为横坐标，吸光度为纵坐标，绘制标准曲线。

表 6-13 测定麦芽糖含量的标准曲线制作

试剂	试管号						
	1	2	3	4	5	6	7
麦芽糖标准液/mL	0	0.2	0.6	1.0	1.4	1.8	2.0
蒸馏水/mL	2.0	1.8	1.4	1.0	0.6	0.2	0
3,5-二硝基水杨酸/mL	2.0	2.0	2.0	2.0	2.0	2.0	2.0
每管麦芽糖含量/mg	0	0.2	0.6	1.0	1.4	1.8	2.0

（2）**淀粉酶液的制备** 称取 1 g 萌发 3 d 的小麦种子（芽长约 1 cm），置于研钵中，加入少量石英砂和 2 mL 蒸馏水，研磨成匀浆。将匀浆倒入离心管中，用 6 mL 蒸馏水分次将残渣洗入离心管。提取液在室温下放置 15～20 min，每隔数分钟搅动 1 次，使其充分提取。然后 3 000 r/min 离心 10 min，将上清液倒入 100 mL 容量瓶中，加蒸馏水定容至刻度，摇匀，即为淀粉酶原液。

吸取上述淀粉酶原液 10 mL，放入 50 mL 容量瓶中，用蒸馏水定容至刻度，摇匀，即为淀粉酶稀释液，用于淀粉酶总活性的测定。剩余的淀粉酶原液用于 α 淀粉酶活性的测定。

（3）**酶活性的测定** 取 6 支干净的试管，编号，按表 6-14 进行操作。

表 6-14 淀粉酶活性的测定方法

试剂及操作	试管号					
	1	2	3	4	5	6
淀粉酶原液/mL	1.0	1.0	1.0	0	0	0
钝化 β 淀粉酶	置 70 ℃水浴 15 min，流动自来水冷却至室温					
淀粉酶稀释液/mL	0	0	0	1.0	1.0	1.0
3,5-二硝基水杨酸/mL	2.0	0	0	2.0	0	0
处理	预保温，将各试管和淀粉溶液置于 40 ℃恒温水浴中保温 10 min					
1%淀粉溶液/mL	1.0	1.0	1.0	1.0	1.0	1.0
处理	在 40 ℃恒温水浴中准确保温 5 min					
3,5-二硝基水杨酸/mL	0	2.0	2.0	0	2.0	2.0

将各试管摇匀，以 1 号管作为调零管，测定 2、3 号管 520 nm 处的吸光度，并计算平均值，记为 A_α；以 4 号管作为调零管，测定 5、6 号管 520 nm 处的吸光度，并计算平均值，记为 $A_总$。从标准曲线上查出 A_α 和 $A_总$ 相对应的麦芽糖含量 X（mg）。

5. 计算 按下列公式分别计算 α 淀粉酶活性和淀粉酶总活性。

$$淀粉酶活性 [mg/(g \cdot min)] = \frac{X \times V_总}{m_样 \times V_测 \times t}$$

式中：X——在标准曲线上查得的麦芽糖含量，mg；

$V_{总}$——淀粉酶液总体积，mL；

$V_{测}$——测定用酶液体积，mL；

$m_{样}$——样品质量，g；

t——反应时间，min。

$$\beta 淀粉酶活性=淀粉酶总活性-\alpha 淀粉酶活性$$

6. 注意事项

① 样品提取液的定容体积和酶液稀释倍数可根据不同材料酶活性的大小而定。

② 为了确保酶促反应时间的准确性，在进行保温这一步骤时，可以将各试管每隔一定时间依次放入恒温水浴中，准确记录时间，到达 5 min 时取出试管，立即加入 3,5 -二硝基水杨酸以终止酶反应，以便尽量减小因各试管保温时间不同而引起的误差。同时恒温水浴温度变化应不超过±0.5 ℃。

③ 如果条件允许，各实验小组可采用不同材料，例如萌发 1 d、2 d、3 d、4 d 的小麦种子，比较测定结果，以了解萌发过程中这两种淀粉酶活性的变化。

六、转氨酶活性的测定（金氏法）

1. 目的　掌握转氨酶活性测定的原理及操作。

2. 原理　转氨酶是体内重要的一类酶。其中在机体内，谷氨酸丙酮酸转氨酶（GPT）和谷氨酸草酰乙酸转氨酶（GOT）分布广泛，活性最强，它们催化的具体反应如下：

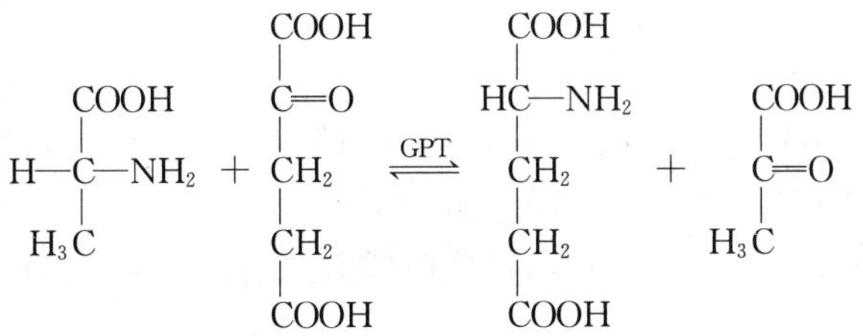

丙氨酸　α-酮戊二酸　谷氨酸　丙酮酸

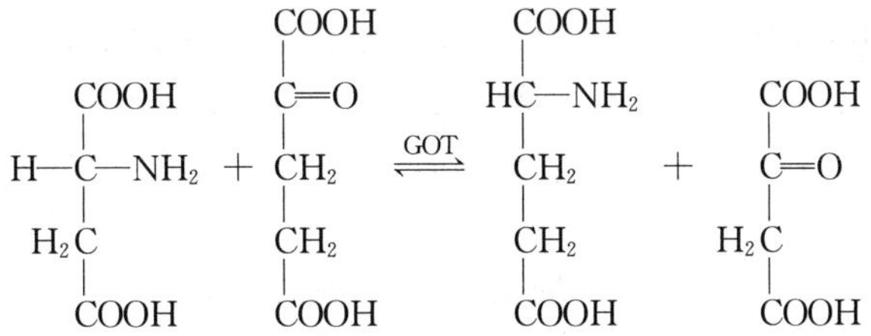

天冬氨酸　α-酮戊二酸　谷氨酸　草酰乙酸

生成的草酰乙酸在柠檬酸苯胺的作用下转变为丙酮酸和二氧化碳：

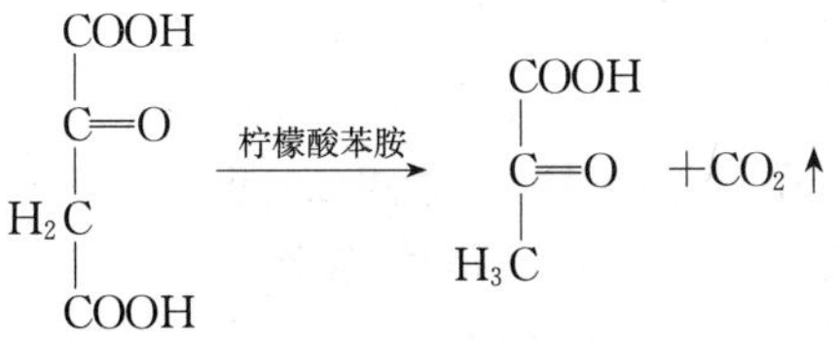

草酰乙酸　丙酮酸

两个反应的最终产物都是丙酮酸，所以可以通过测定单位时间内丙酮酸的产量来测定转氨酶活性。丙酮酸可以和 2,4 - 二硝基苯肼反应，形成丙酮酸二硝基苯腙，它在碱性溶液中显棕红色，在波长 520 nm 处有最大光吸收。以标准浓度丙酮酸与 2,4 - 二硝基苯肼反应，测定其产物在波长 520 nm 的吸光度。与待测管反应产物的 A_{520} 相比，即可算出待测管转氨酶生成的丙酮酸的含量。

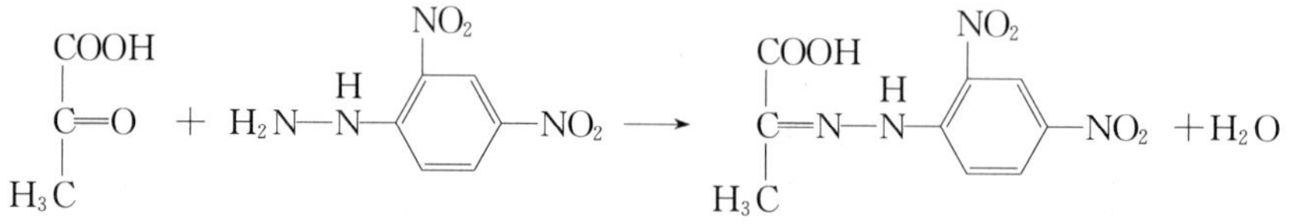

| 丙酮酸 | 2,4 - 二硝基苯肼 | 丙酮酸二硝基苯腙（棕红色） |

测定血液中转氨酶活性，主要有金氏法、赖氏法和改良穆氏法。这 3 种方法的原理、试剂、操作方法、血清与试剂的用量，以及作用温度均相同，不同之处是金氏法中酶作用时间为 60 min，而其他 2 种方法为 30 min。因此它们的活力单位定义不同。

金氏转氨酶的活力单位：每毫升血清与基质在 37 ℃下作用 60 min，生成 1 μmol 丙酮酸为 1 个活力单位。

3. 材料、设备与试剂

（1）材料　新鲜血清。

（2）设备　分光光度计、试管、移液管、恒温水浴锅、天平、容量瓶、烧杯等。

（3）试剂

① 磷酸盐缓冲液（pH 7.4）：

甲液（1/15 mol/L 磷酸氢二钠溶液）：称取磷酸氢二钠（Na_2HPO_4）9.47 g（若用 $Na_2HPO_4 \cdot 12H_2O$，需称取 23.87 g）溶于蒸馏水中，定容至 1 000 mL。

乙液（1/15 mol/L 磷酸二氢钾溶液）：称取磷酸二氢钾（KH_2PO_4）9.078 g 溶于蒸馏水中，定容至 1 000 mL。

取甲液 825 mL，乙液 175 mL，混合，调 pH 为 7.4 即可用。

② GPT 基质（谷丙基质）液：称取 α - 酮戊二酸 29.2 mg 及 DL - 丙氨酸 1.78 g，溶于约 20 mL pH 7.4 磷酸盐缓冲液，再加入 1 mol/L NaOH 溶液 0.5 mL，使之溶解。移入 100 mL 容量瓶内，再以 pH 7.4 的磷酸盐缓冲液定容至刻度。贮存于冰箱中备用，可用 1 周。

③ GOT 基质（谷草基质）液：称取 DL - 天冬氨酸 2.66 g 及 α - 酮戊二酸 29.2 mg，加入 pH 7.4 磷酸盐缓冲液 30 mL，再加 1 mol/L NaOH 溶液 20.5 mL，溶解后移入 100 mL 容量瓶，用 pH 7.4 磷酸盐缓冲液定容至刻度。

④ 2,4 - 二硝基苯肼溶液：称取 2,4 - 二硝基苯肼 20 mg，先溶于 10 mL 浓盐酸中。再用蒸馏水稀释至 100 mL，若有沉淀可过滤，用棕色瓶保存。

⑤ 柠檬酸苯胺溶液：取柠檬酸 50 g 溶于 50 mL 蒸馏水中，再加苯胺 50 mL 充分混合即成。低温出现结晶时，可置 37 ℃水浴中，待溶解后使用。

⑥ 丙酮酸标准溶液（2 μmol/mL）：精确称取丙酮酸钠 22 mg，溶解后转入 100 mL 容量瓶中，用磷酸盐缓冲液（1/15 mol pH 7.4）稀释至刻度。

⑦ 0.4 mol/L NaOH 溶液。

4. 操作步骤

（1）标准曲线的制作　取 6 支试管，按表 6-15 加入试剂，混匀后，测定波长520 nm处的吸光度，以活力单位值为横坐标，吸光度为纵坐标，分别绘制 GPT 和 GOT 标准曲线。

表 6-15　测定转氨酶活性的标准曲线制作

试剂及操作	试管号					
	1	2	3	4	5	6
丙酮酸标准溶液/mL	0	0.05	0.1	0.15	0.2	0.25
基质液（GPT 或 GOT）/mL	0.5	0.45	0.4	0.35	0.3	0.25
磷酸盐缓冲液（pH 7.4）/mL	0.1	0.1	0.1	0.1	0.1	0.1
处理	37 ℃保温 10 min					
2，3-二硝基苯肼溶液/mL	0.5	0.5	0.5	0.5	0.5	0.5
处理	37 ℃保温 20 min					
0.4 mol/L 氢氧化钠溶液/mL	5.0	5.0	5.0	5.0	5.0	5.0
相当活力单位	空白	100	200	300	400	500

（2）GOT 活性的测定　取 3 支干净的试管，按表 6-16 加入试剂，混匀，静置 5 min，以 1 号管为空白调零，测定波长 520 nm 处的吸光度。

表 6-16　转氨酶活性测定过程

试剂及操作	试管号		
	1	2	3
血清/mL	0.1	0.1	0.1
GOT 基质液/mL	0	0.5	0.5
处理	37 ℃水浴，保温 60 min		
GOT 基质液/mL	0.5	0	0
柠檬酸苯胺液/滴	1.0	1.0	1.0
2，3-二硝基苯肼溶液/mL	0.5	0.5	0.5
处理	37 ℃水浴，保温 20 min		
0.4 mol/L 氢氧化钠溶液/mL	5.0	5.0	5.0

测定 GPT 活性时，改用 GPT 基质液，不加柠檬酸苯胺，其余操作方法完全同 GOT 的活性测定。

5. 计算

① 由所测得的吸光度直接查标准曲线，即可得知相当活力单位。

② 若用标准管法测定，可用丙酮酸标准溶液（2 μmol/L）0.1 mL，按操作测得标准管吸光度，按下式计算结果：

$$100 \text{ mL 样品中的转氨酶活力单位（U）} = \frac{A_{520测定管}}{A_{520标准管}} \times 200$$

6. 注意事项

① 转氨酶只作用于 L-氨基酸，对于 D-氨基酸无催化能力。实验中所用的是 DL-氨基酸。当用 L-氨基酸时，则用量比 DL-氨基酸少一半。

② 所用的仪器应清洁，不含有酸、碱、Zn^{2+}、Ca^{2+}、Hg^{2+}、Ag^+ 等蛋白质沉淀剂。

③ 血清不应溶血，因血细胞内转氨酶含量较多。样品采集后应当日进行测定，否则应将血清分离后贮存于冰箱中。

④ 温度及时间一定要严格控制，准确掌握。pH 要准确，以免影响酶活性。

七、过氧化氢酶活性的测定

1. 目的　掌握愈创木酚法测定过氧化氢酶活性的原理及方法。

2. 原理　过氧化物酶普遍存在于植物组织中，是一个庞大的家族。典型的代表是过氧化氢酶，该酶也代表了大部分过氧化物酶的特色催化反应：$2H_2O_2 \longrightarrow 2H_2O + O_2$。但是部分过氧化物酶对该反应的催化不是很理想，其最佳底物是一些其他代谢产物，如脂质过氧化物等。通过酶自身活性，可以分解机体代谢产生的过氧化氢，解除其毒性；同时过氧化氢分解时能够将一些有毒的有机物，如醛、醇、酚等氧化，从而解除这类物质对机体的毒性。其功能与植物的代谢强度、抗逆性、活性氧水平等有关。

愈创木酚又称为邻甲氧基苯酚、邻苯二酚甲醚，是一种天然有机物，为白色或微黄色结晶，或无色至淡黄色透明油状液体，有特殊芳香气味，广泛用于医药、香料、染料合成及抗氧化剂等工业领域。

过氧化物酶可以使愈创木酚氧化，产生茶褐色物质 4-邻甲氧基苯酚（四聚体），该物质在波长 470 nm 处有最大吸收峰。本实验用愈创木酚法测定过氧化物酶的活性。可以根据单位时间内 A_{470} 的变化值，计算过氧化物酶活性。

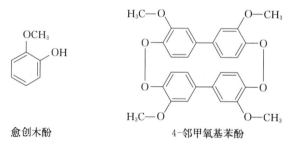

愈创木酚　　　　　　　　　4-邻甲氧基苯酚

3. 材料、设备与试剂

（1）材料　植物叶片。

（2）设备　恒温水浴锅、冷冻离心机、分光光度计、秒表等。

（3）试剂

① 0.1 mol/L Tris-HCl 缓冲液（pH 8.0）：

A 液 [0.2 mol/L 三羟甲基氨基甲烷（Tris）溶液]：称取 1.21 g Tris，用蒸馏水溶解并定容至 50 mL。

B 液（0.2 mol/L HCl 溶液）：量取 0.84 mL 浓 HCl（12 mol/L），加蒸馏水定容至 50 mL。

50 mL A 液 + 29.2 mL B 液稀释至 100 mL，即为 0.1 mol/L Tris-HCl 缓冲液。

② 0.2 mol/L 磷酸盐缓冲液（pH 7.0）：

A 液（0.2 mol/L NaH$_2$PO$_4$）：称取 1.560 1 g NaH$_2$PO$_4$，用蒸馏水溶解并定容至 50 mL。

B 液（0.2 mol/L Na$_2$HPO$_4$）：称取 7.162 8 g Na$_2$HPO$_4$，用蒸馏水溶解并定容至 100 mL。

39 mL A 液＋61 mL B 液混合即为 0.2 mol/L 磷酸盐缓冲液（pH 7.0）。

③ 反应液：0.2 mol/L 磷酸盐缓冲液（pH 7.0）50 mL 与愈创木酚 0.091 mL 混合，略微加热溶解，冷却后，加入 30% H$_2$O$_2$ 约 0.028 mL。

4. 操作步骤

（1）酶液的提取　取 0.1 g 左右的植物叶片剪碎，置于研钵中，加入 0.1 mol/L Tris - HCl 缓冲液（pH 8.0）1.5 mL（4 ℃预冷），研磨至匀浆，转入离心管中，4 ℃下 9 000 r/min 离心 10 min，得上清液，再将其定容到 2 mL，为粗酶液。

（2）比色（以反应液为参比）　测量室内温度。取试管 2 支，其中一支加入磷酸盐缓冲液 10 μL、反应液 2 mL，作为对照。另一支试管中加入粗酶液 10 μL、反应液 2 mL，迅速混匀后，立即开启秒表记录时间。将混合液倒入比色杯，置于分光光度计样品室内，于波长 470 nm 处测定吸光度值，读数一次，然后计时 2 min 或 3 min，再读取一次。求出吸光度变化值 ΔA_{470}，并计算过氧化物酶活性。

5. 计算　以某温度下，每克植物组织中所提取酶催化的反应产物每分钟吸光度变化值表示酶活性大小。也可以用每分钟吸光度值变化 0.01 作为 1 个过氧化物酶活性单位，则某温度下：

$$过氧化物酶活性（U/g）=\frac{\Delta A_{470}\times V_{T}}{m_{样}\times V_{测}\times 0.01\times t}$$

式中：ΔA_{470}——反应时间内吸光度变化值；

$\quad\quad V_{T}$——提取酶液总体积，mL；

$\quad\quad m_{样}$——植物质量，g；

$\quad\quad V_{测}$——测定时取用酶液体积，mL；

$\quad\quad t$——反应时间，min。

6. 注意事项

① 酶的提取纯化必须在低温下进行。

② 分光光度计要预热 0.5 h。

八、乳酸脱氢酶活性的测定

乳酸脱氢酶可以催化以下反应：

$$\underset{\substack{|\\COOH}}{\overset{\substack{CH_3\\|}}{HC-OH}} + NAD^+ \xrightleftharpoons[pH\ 7.4\sim7.8]{pH\ 8.8\sim9.8} \underset{\substack{|\\COOH}}{\overset{\substack{CH_3\\|}}{C=O}} + NADH + H^+$$

此反应是可逆的，所以在乳酸脱氢酶活性测定中，根据酶作用的反应可分为两类：一类是依据顺向反应，多采用比色法测定乳酸脱氢酶活性；另一类是依据逆向反应，多采用紫外吸收法测定乳酸脱氢酶活性。

（一）比色法测定乳酸脱氢酶活性

1. 目的　掌握比色法测定乳酸脱氢酶活性的原理及操作。

2. 原理　以乳酸为基质，在酶促反应后产生的丙酮酸与 2,4 -二硝基苯肼作用生成丙酮酸二硝基苯腙，其在碱性环境中呈棕色，通过比色法测定其活力单位。以血清标本 100 mL 在 37 ℃作用15 min产生丙酮酸 1 μmol 为 1 个活力单位。

3. 材料、设备与试剂

（1）材料　血清标本。

（2）设备　分光光度计、试管、烧杯、容量瓶、恒温水浴锅等。

（3）试剂

① 0.1 mol/L 甘氨酸溶液：称取甘氨酸 7.505 g、氯化钠 5.85 g，用蒸馏水溶解并稀释至1 000 mL。

② 乳酸钠缓冲基质液（pH 10）：在乳酸钠溶液（65%～70%）10 mL 中加入 0.1 mol/L 甘氨酸溶液 125 mL、0.1 mol/L 氢氧化钠溶液 75 mL，混合。

③ 辅酶Ⅰ（NAD⁺）溶液：溶解辅酶Ⅰ 10 mg 于 2 mL 蒸馏水中，冰箱保存可用 6 周。

④ 2,4-二硝基苯肼溶液：称取 2,4-二硝基苯肼 200 mg，先溶于 100 mL 10 mol/L 的 HCl 溶液中，再用蒸馏水稀释至 1 000 mL。

⑤ 0.4 mol/L 氢氧化钠溶液。

⑥ 丙酮酸标准液（1 μmol/mL）：11 mg 丙酮酸钠溶解于 100 mL 乳酸钠缓冲基质液中，使用前现配。

4. 操作步骤

（1）标准曲线的制作　按表 6-17 加入试剂。

表 6-17　乳酸脱氢酶活性测定标准曲线的制作

试剂及操作	试管号										
	0	1	2	3	4	5	6	7	8	9	10
丙酮酸标准液/mL	0	0.05	0.10	0.15	0.20	0.25	0.30	0.35	0.40	0.45	0.50
乳酸钠缓冲基质液/mL	1.0	0.95	0.90	0.85	0.80	0.75	0.70	0.65	0.60	0.55	0.50
蒸馏水/mL	0.3	0.3	0.3	0.3	0.3	0.3	0.3	0.3	0.3	0.3	0.3
2,4-二硝基苯肼/mL	1.0	1.0	1.0	1.0	1.0	1.0	1.0	1.0	1.0	1.0	1.0
处理					混匀，37 ℃水浴 15 min						
0.4 mol/L NaOH 溶液/mL	10	10	10	10	10	10	10	10	10	10	10

试剂混合后室温静置 5 min，以蒸馏水为空白调零，测定在波长 440 nm 处的吸光度。将各管的吸光度减去 0 号管吸光度的数据为纵坐标，与其相应活力单位值（1～10 号管相应活力单位值依次为 250、500、750、1 000、1 250、1 500、1 750、2 000、2 250、2 500）为横坐标，绘制标准曲线。

（2）血清标本乳酸脱氢酶活性的测定　以血清为标本，按 5 倍稀释，即 1 份血清＋4 份蒸馏水。然后按表 6-18 进行操作。

表 6-18　血清标本乳酸脱氢酶活性的测定

试剂及操作	测定管	对照管
稀释血清/mL	0.1	0.1
乳酸钠缓冲基质液/mL	0.5	0.5
蒸馏水/mL	0	0.1
处理	37 ℃水浴，3 min	

（续）

试剂及操作	测定管	对照管
辅酶Ⅰ溶液/mL	0.1	0
处理	混匀，37 ℃水浴准确保温 15 min，取出	
2,4-二硝基苯肼/mL	0.5	0.5
处理	混匀，37 ℃水浴继续准确保温 15 min，取出	
0.4 mol/L NaOH/mL	5.0	5.0

试剂混合后，室温静置 5 min，以蒸馏水为空白调零，在波长 440 nm 处进行比色，读取各管的吸光度值。

5. 计算 以测定管吸光度减去对照管吸光度，于标准曲线上查其活力单位值。

（二）紫外吸收法测定乳酸脱氢酶活性

1. 目的 掌握紫外吸收法测定酶活性的原理及操作。

2. 原理 以丙酮酸为底物、NADH 为供氢体，在乳酸脱氢酶的催化下，底物接受氢被还原为乳酸，NADH 由还原型变为氧化型 NAD^+，测定波长 340 nm 处 NADH 吸光度的下降值来计算酶的比活力。该方法通过测定单位时间底物（NADH）的减少量来衡量酶的活性。

在波长 340 nm 处 NADH 的摩尔吸光系数＝6 200 L/(mol·cm)。

3. 材料、设备与试剂

（1）材料 血清标本。

（2）设备 紫外分光光度计等。

（3）试剂

① 0.01 mol/L 磷酸钠缓冲液（pH 7.4）：称取磷酸二氢钠（$NaH_2PO_4·2H_2O$）1.56 g，溶于 900 mL 水中，用 1 mol/L NaOH 调 pH 至 7.4，最后定容至 1 000 mL。

② 0.01 mol/L 丙酮酸钠溶液。

③ 1 mmol/L NADH 液。

4. 操作步骤

① 称取样品，适当稀释后测定其蛋白质含量。

② 取两支试管，分别为空白管和测定管，按表 6-19 加入试剂，混匀后，分别倒入石英杯中。

表 6-19 紫外分光光度法测定乳酸脱氢酶活性

试剂	空白管	测定管
0.01 mol/L 丙酮酸钠溶液/mL	0.2	0.2
1 mmol/L NADH 液/mL	0.3	0.3
0.01 mol/L 磷酸钠缓冲液/mL	2.5	2.4

③ 在波长 340 nm 处，用空白管调零，调好后向测定管加入 0.1 mL 稀释酶液（样品）。反应开始，立即读取吸光度值。

④ 每隔 30 s 读取一个吸光度值，连续 3～4 min 至吸光度值不变为止。

5. 计算

$$乳酸脱氢酶比活力＝\frac{\Delta A}{6\ 200\times\Delta t\times m_{蛋白质}}$$

式中：ΔA——反应时间内吸光度变化值；

Δt——反应时间，min；

$m_{蛋白质}$——血清样品蛋白质含量，mg。

6. 注意事项

① 读取样品吸光度值时，注意时间的精确性。

② 测定紫外光吸收要用石英杯。

九、酵母发酵过程中无机磷的利用

1. 目的　了解发酵过程中无机磷的利用及磷酸化检测方法。

2. 原理　酵母菌利用葡萄糖进行发酵时，能使无机磷转化为高能有机磷。通过发酵实验可以看到，在开始阶段发酵速度很快，后来速度逐渐缓慢，以至停止。若再加入无机磷，则发酵速度又可恢复。本实验中我们测定发酵前后无机磷含量的变化来证明发酵过程中无机磷的消耗。可利用无机磷与钼酸根形成磷钼酸络合物，在抗坏血酸作用下，磷钼酸络合物能还原成深蓝色低价的钼蓝。钼蓝在波长 660 nm 处有最大光吸收，在一定范围内，波长 660 nm 处的吸光度值与无机磷的量呈线性关系。因此，可通过测定发酵前后反应液的吸光度，来测定发酵过程无机磷的利用情况。

3. 材料、设备与试剂

（1）**材料**　新鲜酵母。

（2）**设备**　天平、烧杯、试管（20 mL）、移液管、漏斗、玻璃棒、恒温水浴锅、分光光度计等。

（3）**试剂**

① 5% 葡萄糖溶液。

② 5% 三氯乙酸。

③ 定磷试剂：3 mol/L 硫酸∶水∶2.5% 钼酸铵∶10% 抗坏血酸＝1∶2∶1∶1（体积比）。

④ 10 μg/mL 磷标准溶液：取一定量的 KH_2PO_4（分析纯）置于称量瓶内，在 105 ℃干燥至恒量，精密称取 0.439 g，加水溶解，加入 1 mL 硫酸，于 100 mL 容量瓶中定容至刻度，摇匀，即得 1 mg/mL 磷标准溶液。其有效期为 10 d。准确吸取上述磷标准溶液 1 mL 于 100 mL 容量瓶中，用蒸馏水定容至刻度，摇匀，即得 10 μg/mL 磷标准溶液。此标准溶液现配现用。

4. 操作步骤

（1）**绘制磷标准曲线**　取 7 支试管，分别按表 6-20 加入各试剂，充分摇匀，45 ℃水浴 20 min，冷却至室温，用 0 号管为空白调零，在 660 nm 波长下测量其他管的吸光度值。以溶液磷含量为纵坐标，吸光度为横坐标，绘制标准曲线。

表 6-20　磷标准曲线的制作

试剂	试管号						
	0	1	2	3	4	5	6
10 μg/mL 磷标准溶液/mL	0	0.5	1.0	1.5	2.0	2.5	3.0
蒸馏水/mL	3.0	2.5	2.0	1.5	1.0	0.5	0
定磷试剂/mL	3	3	3	3	3	3	3
每管磷含量/μg	0	5	10	15	20	25	30

（2）磷含量测定

① 在 50 mL 烧杯中加入 2 g 新鲜酵母和 1 mL 5％葡萄糖溶液，用玻璃棒搅拌成均匀糊状，再加入 9 mL 5％葡萄糖溶液并搅拌均匀成葡萄糖酵母悬液。

② 取试管 2 支，按表 6-21 加入葡萄糖酵母悬液 1 mL，在 1 号管中立即加入 5％三氯乙酸 3 mL，2 号管暂不加。将 2 支试管都放入 37 ℃恒温水浴锅保温 2 h。保温后向 2 号试管加入 3 mL 5％三氯乙酸，放置 10 min，使发酵完全终止。两试管分别过滤，取滤液。

表 6-21　酵母发酵过程中无机磷的利用反应体系

试剂及操作	试管号	
	1	2
葡萄糖酵母悬液/mL	1	1
5％三氯乙酸/mL	3	0
处理	37 ℃水浴，2 h	
5％三氯乙酸/mL	0	3
处理	放置 10 min，分别过滤，取滤液	

③ 取试管 1 和试管 2 的滤液各 1 mL，分别放在另外两个试管中，加 2 mL 水，再加入定磷试剂 3 mL，在 45 ℃恒温水浴锅保温 20 min，冷却至室温，以空白做对照，在波长 660 nm 处测吸光度。

5. 计算　根据磷标准曲线以及稀释倍数计算反应体系中磷含量（μg/mL）。

十、植物组织中丙二醛含量的测定

1. 目的　了解测定植物组织中丙二醛（malondialdehyde，MDA）含量的意义；掌握植物体内丙二醛含量测定的原理及方法。

2. 原理　植物器官衰老时或在逆境条件下，往往发生膜脂过氧化作用，MDA 是其产物之一，通常利用它作为脂质过氧化指标，表示细胞膜脂质过氧化程度和植物对逆境条件反应的强弱。

MDA 在高温、酸性条件下与硫代巴比妥酸（TBA）反应，形成在波长 532 nm 处有最大光吸收的有色三甲基复合物，该复合物的摩尔吸光系数为 155 L/（mmol·cm），并且在波长 600 nm 处有最小光吸收。可按下式计算出 MDA 的浓度 c（μmol/L），进一步算出单位质量鲜组织中 MDA 含量（μmol/g）。

$$c = \frac{A_{532} - A_{600}}{155\,000 \times L}$$

式中：A_{532}——在波长 532 nm 处的吸光度值；

　　　A_{600}——在波长 600 nm 处的吸光度值；

　　　L——比色杯厚度，cm。

需要指出的是，植物组织中糖类物质对 MDA-TBA 反应有干扰作用。糖与 TBA 显色反应产物的最大吸收波长为 450 nm，在 532 nm 处也有吸收。植物遭受干旱、高温、低温等逆境胁迫时可溶性糖增加，因此测定植物组织中 MDA 与 TBA 反应产物含量时一定要排除可溶性糖的干扰。为消除这种干扰，根据试验，可用下式消除由蔗糖引起的误差。

$$c = 6.45 \times (A_{532} - A_{600}) - 0.56 A_{450}$$

式中：c——植物样品提取液中 MDA 的浓度，$\mu mol/L$；

    A_{600}——在波长 600 nm 处的吸光度值；

    A_{532}——在波长 530 nm 处的吸光度值；

    A_{450}——在波长 450 nm 处的吸光度值。

用此公式可直接求得植物样品提取液中 MDA 的浓度，进一步算出其在植物组织中的含量。

3. 材料、设备与试剂

（1）材料　绿色植物叶片。

（2）设备　离心机、分光光度计、托盘天平、恒温水浴锅、研钵、10 mL 离心管、移液枪、研钵、试管、可调加样器、冷冻离心机等。

（3）试剂

① 10％三氯乙酸（TCA）。

② 0.6％ TBA 溶液：称取 0.6 g TBA，先加入少量的氢氧化钠（1 mol/L）溶解，再用 10％ TCA 定容至 100 mL。

③ 石英砂。

4. 操作步骤

① 称取 0.4 g 左右叶片放入研钵中，加入少许石英砂和 2 mL 10％ TCA，研成匀浆，转移到试管，再用 3 mL 10％ TCA 两次冲洗研钵，合并提取液。

② 在提取液中加入 5 mL 0.6％ TBA 溶液摇匀。同时，向一空试管中加入 5 mL 蒸馏水，并加入等体积的 TBA，作为空白对照。

③ 将试管放入沸水中，显色 15 min，到时间后立即取出试管，放入冰浴中冷却至室温。

④ 待试管冷却后将溶液转入 10 mL 离心管中，3 000 r/min 离心 15 min，取上清液，测量其体积，以 0.6％ TBA 溶液作为参比，测 A_{600}、A_{532}、A_{450}。

5. 计算

$$\text{MDA 的浓度 }(\mu mol/L) = 6.45 \times (A_{532} - A_{600}) - 0.56 \times A_{450}$$

再根据植物组织的质量计算测定样品中 MDA 的含量：

$$\text{MDA 的含量 }(\mu mol/g) = \frac{\text{MDA 的浓度 }(\mu mol/L) \times \text{提取液体积 }(mL)}{\text{植物组织质量 }(g) \times 1\,000}$$

6. 注意事项

① 0.1％～0.5％三氯乙酸对 MDA - TBA 反应较合适，高于此浓度，非特异性吸收偏高。

② MDA - TBA 显色反应加热时，沸水浴时间控制在 10～15 min，时间过长或过短都会导致 A_{532} 值下降。

③ 待测液混浊时适当延长离心时间。

十一、脯氨酸含量的测定

1. 目的　掌握测定脯氨酸含量的原理及操作。

2. 原理　在逆境条件下（旱、盐碱、热、冷、冻等），植物体内脯氨酸（proline，Pro）的含量显著增加。植物体内脯氨酸含量在一定程度上反映了植物的抗逆性。在干旱条件下，抗旱性强的品种往往积累较多的脯氨酸；在低温条件下，植物组织中脯氨酸增加，可提高植物的抗寒性，因此测定脯氨酸含量可以作为抗旱育种、抗寒育种的生理指标。

氨基酸的茚三酮显色反应原理：用磺基水杨酸提取植物样品时，脯氨酸便游离于磺基水杨酸的溶液中，然后用酸性茚三酮加热处理，溶液即成红色，再用甲苯处理，则色素全部转移至甲苯中，色素的深浅即表示脯氨酸含量的高低。在 520 nm 波长下比色，从标准曲线上查出（或用回归方程计算）脯氨酸的含量。

萃取的原因：如果不萃取，反应结束后水溶液中还含有其他物质，这些物质会增加波长 520 nm 下的吸光度值，导致最终结果偏大。因此不萃取，不能进行绝对含量的测定，但可用于相对含量测定。

3. 材料、设备与试剂

（1）材料　待测植物（水稻、小麦、玉米、高粱、大豆等）叶片。

（2）设备　分光光度计、研钵、100 mL 小烧杯、容量瓶、大试管、普通试管、带塞试管、移液管、注射器、恒温水浴锅、漏斗、漏斗架、滤纸、剪刀等。

（3）试剂

① 酸性茚三酮溶液：将 1.25 g 茚三酮溶于 30 mL 冰醋酸和 20 mL 6 mol/L 磷酸中，搅拌加热（70 ℃）溶解，贮于冰箱中。

② 3‰磺基水杨酸：3 g 磺基水杨酸加蒸馏水溶解后定容至 100 mL。

③ 冰醋酸。

④ 甲苯。

⑤ 100 μg/mL 脯氨酸：分析天平上精确称取 25 mg 脯氨酸，倒入小烧杯内，用少量蒸馏水溶解，然后倒入 250 mL 容量瓶中，加蒸馏水定容至刻度，此标准液中每毫升含脯氨酸 100 μg。

4. 操作步骤

（1）标准曲线的绘制

① 不同浓度脯氨酸标准溶液的配制：取 6 个 50 mL 容量瓶，分别加入 100 μg/mL 脯氨酸 0.5 mL、1.0 mL、1.5 mL、2.0 mL、2.5 mL 及 3.0 mL，用蒸馏水定容至刻度，摇匀，各瓶的脯氨酸浓度分别为 1 μg/mL、2 μg/mL、3 μg/mL、4 μg/mL、5 μg/mL 及 6 μg/mL。

② 取 6 支试管，分别吸取 2 mL 系列浓度的脯氨酸标准溶液、2 mL 冰醋酸和 2 mL 酸性茚三酮溶液，每支试管在沸水浴中加热 30 min。

③ 冷却后各试管准确加入 4 mL 甲苯，振荡 30 s，静置片刻，使色素全部转至甲苯溶液中。

④ 用注射器轻轻吸取各管上层脯氨酸甲苯溶液至比色杯中，以甲苯溶液为空白对照，于波长 520 nm 处进行比色。

⑤ 标准曲线的绘制：先求出吸光度值（Y）依脯氨酸浓度（X）而变的回归方程，再按回归方程绘制标准曲线。

（2）样品中脯氨酸含量的测定

① 脯氨酸的提取：准确称取不同处理的待测植物叶片各 0.5 g，分别置于大试管中，然后向各试管分别加入 5 mL 3‰磺基水杨酸溶液，在沸水浴中提取 10 min（提取过程中要经常摇动），冷却后过滤于干净的试管中，滤液即为脯氨酸的提取液。

② 吸取 2 mL 提取液于另一干净的带塞试管中，加入 2 mL 冰醋酸及 2 mL 酸性茚三酮试剂，盖好玻璃塞在沸水浴中加热 30 min，溶液即呈红色。

③ 冷却后加入 4 mL 甲苯，摇动 30 s，静置片刻，取上层液至 10 mL 离心管中，3 000 r/min 离心 5 min。

④ 用吸管轻轻吸取上层脯氨酸红色甲苯溶液于比色杯中，以甲苯为空白对照，在波长 520 nm 处比色，求得吸光度值。

5. 计算　根据回归方程计算出（或从标准曲线上查出）2 mL 测定液中脯氨酸的含量 X（μg），然后计算样品中脯氨酸含量的百分数。计算公式如下：

$$样品中脯氨酸含量 = \frac{X \times V_T}{m \times V_S \times 10^6} \times 100\%$$

式中：X——从标准曲线查出的 2 mL 测定液中脯氨酸的含量，μg；

　　　V_T——提取液体积，mL；

　　　V_S——测定时取用的样品体积，mL；

　　　m——样品质量，g。

6. 注意事项

① 进行沸水浴时，一定要把试管口封住，避免溶液蒸发。

② 比色时，切记不要用水清洗比色皿，也不要把下层水溶液吸取到比色皿中。比色结束后，可用无水乙醇进行清洗。

③ 甲苯有毒，尽量避免直接接触，同时注意实验室通风。

十二、血清总脂的测定（香草醛法）

1. 目的　掌握香草醛法测定血清总脂的原理与方法；了解正常动物血清中总脂含量。

2. 原理　血清总脂是指血清中各种脂类的总和。测定血清总脂的方法有称量法、比色法、染色法等。其中称量法比较准确，可作为参考标准。比色法简单易行，采用者居多。香草醛法是一种常用的比色法。

血清中的脂类，尤其是不饱和脂类与浓硫酸共热作用，经水解后生成碳正离子。试剂中的香草醛与浓硫酸的羟基作用生成芳香族的磷酸酯，由于改变了香草醛分子中的电子分配，使醛基变成活泼的羰基。此羰基即可与碳正离子起反应，生成红色的醌化合物。

3. 材料、设备与试剂

（1）材料　动物血清。

（2）设备　分光光度计、恒温水浴锅、试管、移液管等。

（3）试剂

① 胆固醇标准液（6 mg/mL）：准确称取纯胆固醇 600 mg，溶于无水乙醇并定容至 100 mL。

② 显色剂：先配制 0.6% 香草醛水溶液 200 mL，再加入浓磷酸 800 mL，贮存于棕色瓶中。此显色剂可保存 6 个月。

③ 浓硫酸（分析纯，相对密度 1.84，含量 95% 以上）。

④ 浓磷酸（分析纯，相对密度 1.71，含量 85% 以上）。

4. 操作步骤　取 4 支洁净试管，按表 6-22 操作。

表 6-22　血清总脂的颜色反应

试剂及操作	空白管	标准管	测定管 1	测定管 2
血清/mL	0	0	0.02	0.02
胆固醇标准液/mL	0	0.02	0	0
浓硫酸/mL	1.0	1.0	1.0	1.0
处理	充分混匀，放置沸水浴 10 min，使脂类水解，冷水冷却			
处理	向各管中均加入显色剂 4.0 mL，用玻璃棒充分搅匀			

溶液放置 20 min（或 37 ℃保温 15 min）后，在波长 525 nm 处比色。以空白管调零，分别读取各管吸光度。

5. 计算

$$血清总脂含量（mg/mL）=\frac{测定管吸光度}{标准管吸光度}×0.12×5$$

6. 注意事项

① 总脂是血清脂类的总和，包括饱和脂类、不饱和脂类。本实验中的呈色反应，不饱和脂类比饱和脂类呈色强。血清中饱和脂类与不饱和脂类的比例约为 3∶7。因此要测定血清的标准总脂含量最好选用称量法。但本实验中采用胆固醇作为标准的香草醛法，其结果比较接近实际情况，而且方法简易，所以目前多用此法测定血清总脂。

② 本实验中试剂多为浓酸，黏稠度大，取量时吸管内试剂要尽量慢放，避免因放置过快而使试剂附着于管壁过多造成误差。

③ 血清中脂质含量过多时，可用生理盐水稀释后再进行测定，并将结果乘以稀释倍数。

④ 操作时应注意安全，不要将吸取硫酸的刻度吸管放实验台上；用玻璃棒搅拌时，应从下往上搅拌，以免捅破试管底部。

十三、生物组织中固醇含量的测定（磷硫铁法）

1. 目的　掌握提取和测定固醇的原理和方法。

2. 原理　固醇物质在加热的情况下能充分溶解于乙醇溶剂中，用乙醇可以充分提取生物组织中的固醇物质。固醇物质与磷硫铁试剂反应生成紫红色物质，此物质在 560 nm 波长下有最大光吸收。测定该紫红色化合物在波长 560 nm 处的吸光度，用已知浓度的标准胆固醇作对照，即可计算出样品中固醇的含量。

3. 材料、设备与试剂

（1）材料　玉米粉、血清。

（2）设备　恒温水浴锅、分光光度计、离心机、试管、移液管等。

（3）试剂

① 胆固醇标准液：准确称取胆固醇 80 mg，溶于无水乙醇并定容至 100 mL，此溶液为贮存液。将贮存液用无水乙醇准确稀释 10 倍，即得含量为 80 μg/mL 的胆固醇标准液。

② 磷硫铁试剂：

A. 10%三氯化铁：准确称取 10 g 三氯化铁，将其溶于磷酸后，定容至 100 mL，贮存于棕色瓶中。

B. 磷硫铁试剂：取 10％三氯化铁 1.5 mL 放入 100 mL 棕色容量瓶中，加浓硫酸定容至刻度。

③ 无水乙醇。

4. 操作步骤

（1）**植物材料**　准确称取 1 g 玉米粉放入离心管中，加无水乙醇至 8 mL 刻度线，塞上带玻璃管的胶塞，在沸水浴中回流 5 min，冷却后，2 500 r/min 离心 7 min，取上清液备用。

取试管 3 支，编号，按表 6 - 23 操作。

表 6 - 23　植物材料中固醇含量的测定

试剂	试管号		
	1（空白管）	2（标准管）	3（样品管）
无水乙醇/mL	2	0	1.8
胆固醇标准液/mL	0	2	0
样品上清液/mL	0	0	0.2
磷硫铁试剂/mL	2	2	2

混匀后，放置 15 min，在波长 560 nm 下比色，以 1 号管调零，测定 2 号、3 号管的吸光度。

（2）**动物材料**　准确吸取血清 0.1 mL，将其放入干燥洁净的离心管内，先加入无水乙醇 0.4 mL，摇匀后，再加入无水乙醇 2 mL，摇匀，10 min 后，3 000 r/min 离心 5 min，取上清液备用。

取试管 3 支，编号，按表 6 - 24 操作。

表 6 - 24　动物材料中固醇含量的测定

试剂	试管号		
	1（空白管）	2（标准管）	3（样品管）
无水乙醇/mL	1.5	0	0
胆固醇标准液/mL	0	1.5	0
样品上清液/mL	0	0	1.5
磷硫铁试剂/mL	1.5	1.5	1.5

混匀后，放置 10 min，在波长 560 nm 下比色，以 1 号管调零，测定 2 号、3 号管的吸光度。

5. 计算

$$植物样品中固醇含量（mg/g）=\frac{A_样 \times c \times V}{A_标 \times m_样} \times n \times 10^{-3}$$

$$血清中胆固醇含量（g/L）=\frac{A_样 \times c \times 10^{-3}}{A_标} \times n$$

式中：$A_样$——样品管吸光度；

$A_标$——标准管吸光度；

c——胆固醇标准液的浓度，$\mu g/mL$；

$m_样$——样品质量，g；

V——玉米粉固醇提取体积，mL；

n——稀释倍数，玉米粉样品测定稀释倍数为 10，血清的稀释倍数为 25。

6. 注意事项　清晨空腹抽血（隔夜，忌食高脂）为好。分离血清应避免溶血（轻度不影响）。

第七章　滴定技术

滴定技术是化学分析的基本技术，也是生物化学分析研究的基本技术。因该技术对实验仪器要求一般，因此，在生物化学分析研究中广泛应用。

第一节　概　　述

一、滴定分析法的概念

滴定（titration）是将已知准确浓度的溶液——标准溶液通过滴定管滴加到待测溶液中的过程。滴定分析法是待"滴定"进行到化学反应按计量关系完全作用为止，根据所用标准溶液的浓度和体积计算出待测物质含量的分析方法。

当化学反应按计量关系完全作用，即滴入溶液物质的量与待测定组分物质的量恰好符合化学反应式所表示的化学计量关系时，称为反应到达了化学计量点（stoichiometric point）或滴定终点。滴定终点需要用指示剂来指示。

适合于滴定分析的生物化学反应必须具备以下 3 个条件：①待测物质与标准溶液之间的反应要有严格的化学计量关系，反应定量完成的程度要达到 99.9% 以上，这是定量计算的基础；②反应必须迅速完成，或通过加热、使用催化剂等措施迅速完成；③必须有适宜的指示剂或其他简便可靠的方法确定终点。

二、滴定技术的分类

（一）按滴定技术基本原理分类

1. 酸碱滴定法　酸碱滴定法是利用酸和碱在水中以质子转移反应为基础的滴定分析方法，可用于测定酸、碱及两性物质。用酸作滴定剂可以测定碱，用碱作滴定剂可以测定酸。最常用的酸标准溶液是盐酸，有时也用硝酸和硫酸，标定酸的基准物质是碳酸钠（Na_2CO_3）；最常用的碱标准溶液是氢氧化钠，有时也用氢氧化钾或氢氧化钡，标定碱的基准物质是邻苯二甲酸氢钾。

2. 络合滴定法　络合滴定法是以络合反应为基础的滴定分析方法。在络合反应中，提供配位原子的物质称为配位体，也称络合剂，络合剂分为无机络合剂和有机络合剂两大类。

3. 氧化还原滴定法　氧化还原滴定法是以溶液中氧化剂和还原剂之间的电子转移为基础的一种滴定分析方法。它以氧化剂或还原剂为滴定剂，直接滴定一些具有还原性或氧化性的物质，或间接滴定一些本身并没有氧化还原性，但能与某些氧化剂或还原剂起反应的物质。氧化滴定剂有高锰酸钾、重铬酸钾、硫酸铈、碘、碘酸钾、高碘酸钾、溴酸钾、铁氰化钾和氯胺等；还原滴定剂有亚砷酸钠、亚铁盐、氯化亚锡、抗坏血酸、亚铬盐、亚钛盐、亚铁氰化钾和肼类等。

4. 沉淀滴定法　沉淀滴定法是以沉淀反应为基础的一种滴定分析方法。生成沉淀的反应很多，但符合容量分析条件的却很少，应用最多的是银量法，即利用 Ag^+ 与卤素离子的反应来测定 Cl^-、Br^-、I^- 和 SCN^-。

5. 电位滴定法 电位滴定法是在滴定过程中通过测量电位变化以确定滴定终点的方法，靠电极电位的突跃来指示滴定终点。使用不同的指示电极，电位滴定法可以进行酸碱滴定、氧化还原滴定、络合滴定和沉淀滴定。在酸碱滴定中，使用 pH 玻璃电极作指示电极；在氧化还原滴定中，使用铂电极作指示电极；在络合滴定中，若用 EDTA 作滴定剂，可以用汞电极作指示电极；在沉淀滴定中，若用硝酸银滴定卤素离子，可以用银电极作指示电极。在滴定过程中，随着滴定剂的不断加入，电极电位不断发生变化，电极电位发生突跃时，说明滴定到达终点。

（二）按滴定方式分类

1. 直接滴定法 所用化学反应能满足滴定要求时，可直接用标准溶液滴定被测物质。如用盐酸标准溶液滴定氢氧化钠试样溶液等。

2. 返滴定法 返滴定法又称为剩余滴定法或回滴定法。若反应速度较慢或者反应物是固体，滴定剂加入样品后反应无法在瞬时定量完成，可先加入一定量的过量标准溶液，待反应定量完成后用另外一种标准溶液作为滴定剂滴定剩余的标准溶液。如固体碳酸钙的测定可先加入一定量的过量盐酸标准溶液至试样中，加热使样品完全溶解，冷却后再用氢氧化钠标准溶液返滴定剩余的盐酸。

3. 置换滴定法 对于不按确定化学计量关系反应（如伴有副反应）的物质，有时可通过其他化学反应间接进行滴定，即加入适当试剂与待测物质反应，使其被定量地置换成另外一种可直接滴定的物质，再用标准溶液滴定此生成物。如硫代硫酸钠（$Na_2S_2O_3$）不能直接滴定重铬酸钾或其他强氧化剂，因为此强氧化剂能将 $S_2O_3^{2-}$ 氧化成 $S_4O_6^{2-}$ 和 SO_4^{2-} 的混合物，化学计量关系不确定，故无法采用直接滴定法测定。若在酸性重铬酸钾（$K_2Cr_2O_7$）溶液中加入过量碘化钾（KI），使定量反应生成碘（I_2），再用 $Na_2S_2O_3$ 标准溶液直接滴定，可用此法定量测定重铬酸钾及其他氧化剂。

4. 间接滴定法 除了返滴定法和置换滴定法，有时还应用其他的化学反应间接进行测定，如对 Ca^{2+} 的测定可通过生成草酸钙（CaC_2O_4）沉淀的反应，将沉淀过滤洗净后溶于酸，用高锰酸钾（$KMnO_4$）标准溶液滴定草酸而间接测定 Ca^{2+} 的含量。

第二节 应用实例

一、维生素 C 含量的测定

维生素 C 是人类营养中最重要的维生素之一，人体缺少它会得坏血病，因此维生素 C 又称为抗坏血酸（ascorbic acid）。水果、蔬菜是供给人体维生素 C 的主要来源。不同种类及品种的果蔬，不同栽培条件、不同成熟度，其维生素 C 含量不同。测定维生素 C 含量可以了解果蔬品质的高低。

（一）2,6-二氯酚靛酚滴定法测定维生素 C 含量

1. 目的 掌握 2,6-二氯酚靛酚滴定法测定维生素 C 含量的原理；掌握滴定技术的操作。

2. 原理 天然维生素 C 即抗坏血酸，有还原型和氧化型两种。由于还原型抗坏血酸分

子中有二烯醇（—COH＝COH—）存在，因此是一种极敏感的还原剂，它可以失去两原子氢而氧化为脱氢抗坏血酸。2,6-二氯酚靛酚是一种染料，其氧化形式在碱性或中性溶液中呈蓝色，在酸性溶液中呈红色，其还原形式为无色。还原型抗坏血酸与氧化型2,6-二氯酚靛酚发生氧化还原反应，形成氧化型抗坏血酸和还原型2,6-二氯酚靛酚。当用碱性氧化型2,6-二氯酚靛酚溶液滴定含有抗坏血酸的酸性溶液时，抗坏血酸尚未全部被氧化之前，滴下的2,6-二氯酚靛酚均被还原成无色，当溶液中的抗坏血酸全部被氧化成脱氢抗坏血酸时，再滴入1滴2,6-二氯酚靛酚即为过量，2,6-二氯酚靛酚仍以氧化形式存在，在酸性条件下呈红色。因此，当溶液由无色转变成微红色时，说明抗坏血酸刚刚全部被氧化，此时达到滴定终点，如无其他杂质干扰，样品提取液所还原的标准染料的量与样品中所含的还原抗坏血酸量成正比。

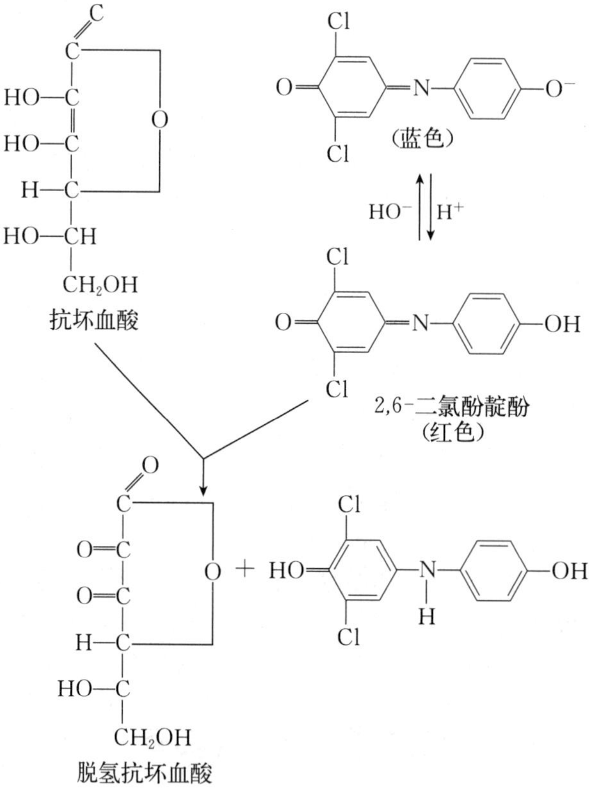

3. 材料、设备与试剂

（1）**材料**　新鲜水果或蔬菜。

（2）**设备**　天平、研钵、容量瓶（50 mL）、移液管、锥形瓶（100 mL）、碱式滴定管等。

（3）**试剂**

① 2%草酸。

② 标准抗坏血酸溶液（0.1 mg/mL）：精确称取50.0 mg抗坏血酸，用1%草酸溶液溶解并定容至500 mL，临用时现配。

③ 0.05% 2,6-二氯酚靛酚溶液：称500 mg 2,6-二氯酚靛酚溶于300 mL含104 mg碳

酸氢钠的热水中，冷却后再用蒸馏水稀释至 1 000 mL，滤去不溶物，贮于棕色瓶内，4 ℃保存一周有效。滴定样品前用标准抗坏血酸溶液标定。

4. 操作步骤

（1）样品的提取　称取新鲜水果或蔬菜 5 g，放在研钵中，加入少量 2% 草酸溶液和少量的石英砂，将水果或蔬菜研成匀浆。将匀浆移入 50 mL 的容量瓶中，用 2% 草酸溶液定容至刻度，然后颠倒混匀数次，将其静置 10 min，将上清液倒入烧杯中，即为待测液。

（2）样品的测定

① 2,6-二氯酚靛酚溶液的标定：准确吸取 1.0 mL 抗坏血酸标准溶液（0.1 mg/mL）于 100 mL 三角瓶中，加 9 mL 2% 草酸溶液，用 0.05% 2,6-二氯酚靛酚滴至淡红色（15 s 内不褪色即为终点）。记录所用 0.05% 2,6-二氯酚靛酚溶液的体积 $V_{标}$（mL），计算出滴定度，即 1 mL 0.05% 2,6-二氯酚靛酚溶液所能氧化抗坏血酸的量（mg），记作 T，则

$$T = \frac{1 \times 0.1}{V_{标}}$$

② 样品滴定：准确吸取样品待测液 10.0 mL 两份，分别放入两个 100 mL 锥形瓶中，按上面的操作进行滴定并记录所用 0.05% 2,6-二氯酚靛酚溶液体积 $V_{样1}$ 和 $V_{样2}$，计算平均值 $V_{样}$。

③ 空白测定：取 2% 草酸 10 mL，用 0.05% 2,6-二氯酚靛酚溶液滴至淡红色（15 s 内不褪色即为终点）。记录所用 0.05% 2,6-二氯酚靛酚溶液的体积 $V_{空}$（mL）。

5. 计算　取两份样品滴定所用 0.05% 2,6-二氯酚靛酚溶液体积平均值（$V_{样}$），代入下式计算 100 g 样品中还原型抗坏血酸的含量：

$$100\ g\ 样品中抗坏血酸的含量（mg）= \frac{(V_{样} - V_{空}) \times T \times V}{m \times V_1} \times 100$$

式中：$V_{样}$——滴定样品液所消耗的 0.05% 2,6-二氯酚靛酚溶液的体积，mL；

$\quad\quad V_{空}$——滴定空白液所消耗的 0.05% 2,6-二氯酚靛酚溶液的体积，mL；

$\quad\quad T$——每毫升 0.05% 2,6-二氯酚靛酚溶液所能氧化抗坏血酸质量，mg；

$\quad\quad V$——样品提取液定容体积，mL；

$\quad\quad V_1$——滴定时吸取样品提取液体积，mL；

$\quad\quad m$——样品质量，g。

6. 注意事项

① 本法只能测定还原型维生素 C 的含量，不能测定氧化型维生素 C 的含量（氧化型维生素 C 使用 2,4-二硝基苯肼反应定量）。

② 在选择实验材料的时候尽量避免选择提取后带有较深颜色的材料，否则会干扰滴定终点的判断。如样品本身带有较浅的颜色，可使用硅藻土脱色，或者在滴定前预先加入 2～3 mL 二氯乙烷，以二氯乙烷层变为淡红色为滴定终点。

③ 某些水果、蔬菜（如橘子、番茄）的浆状物泡沫太多，可加数滴丁醇或辛醇消泡。

④ 由于抗坏血酸在许多因素影响下都易发生变化，样品提取制备和滴定过程中，要避免阳光照射和与铜、铁器具接触，以免破坏维生素 C。

⑤ 用 2% 草酸制备提取液，可有效地抑制抗坏血酸氧化酶，以免维生素 C 变为氧化型而无法滴定，而 1% 草酸无此作用。

⑥ 滴定过程宜迅速，一般不超过 2 min，因为提取物中还有很多还原性物质能够与

2,6-二氯酚靛酚反应，但其反应速度比较慢。药品滴定消耗 0.05% 2,6-二氯酚靛酚溶液以 1～4 mL 为宜，如超出此范围，应增加或减少样品提取液的用量。

⑦ 若样品中其他还原物质干扰较大，可用甲醛与还原型维生素 C 结合，然后用 2,6-二氯酚靛酚滴定其他还原物，然后从总还原物质中减去这一部分，即为真正的维生素 C 含量。操作方法：取样品提取液 1 mL（动物）或 5 mL（果蔬），加入甲醛乙酸缓冲液 1 mL 或 5 mL，充分混匀后放置 10 min，然后用 2,6-二氯酚靛酚溶液滴定至终点。记下用量，滴定时减去。

（二）碘滴定法测定维生素 C 含量

1. 目的　掌握碘滴定法测定维生素 C 含量的原理；掌握滴定技术的操作。

2. 原理　本实验是利用碘酸钾作氧化剂，即在一定量的盐酸试剂中加碘化钾-淀粉指示剂，用已知浓度的碘酸钾液滴定。当碘酸钾液滴入后即释放出游离的碘，此碘被维生素 C 还原，直至维生素 C 完全氧化后，再滴入碘酸钾液时，释放出的碘因无维生素 C 的作用，可使淀粉指示剂呈蓝色，即为终点。其反应式如下：

$$KIO_3 + 5KI + 6HCl \longrightarrow 6KCl + 3H_2O + 3I_2$$

抗坏血酸　　　　　脱氢抗坏血酸

3. 材料、设备与试剂

（1）**材料**　柑橘、鲜枣、洋葱、芥蓝、辣椒等果蔬样品。

（2）**设备**　研钵、50 mL 烧杯、100 mL 容量瓶、移液管（0.5 mL、2 mL、5 mL）、滴定管、漏斗、纱布、分析天平等。

（3）**试剂**

① 0.5% 淀粉液：称取可溶性淀粉 0.5 g，用蒸馏水调成浆状，注入 100 mL 蒸馏水，煮沸至透明状，冷却后用棉花过滤即得。

② 0.001 mol/L 碘酸钾溶液：精确称取碘酸钾 0.356 8 g（碘酸钾预先在 102 ℃ 烘箱烘烤 2 h，在干燥器中冷却备用），准确注入蒸馏水 1 000 mL，配成 0.01 mol/L 碘酸钾溶液，再稀释 10 倍即为 0.001 mol/L 碘酸钾溶液。

③ 其他试剂：碘酸钾、碘化钾、淀粉、2% 盐酸等。

4. 操作步骤

（1）**样品液的制备**　将果蔬样品洗净，用纱布擦干其外部所附着的水分，若样品清洁可不必洗涤。样品若为大型果蔬，先纵切为 4～8 等份，取其 20～30 g，除去不能食用部分，切碎。若为大型叶菜，沿中脉切分为 2 份，取其 1 份切碎，称取 20 g 作分析用。将称取的样品放入研钵中，加 2% 盐酸 5～10 mL，研磨至浆状，小心无损地将研钵中的样品移入 100 mL 容量瓶中，研钵用 2% 盐酸冲洗后，冲洗液也倒入容量瓶中，并加 2% 盐酸定容至

100 mL，充分混合。用清洁干燥的两层纱布过滤溶液至干燥的烧杯中，滤液作样品液用。

（2）样品液的测定 在 50 mL 的烧杯中，用移液管注入 1% 碘化钾溶液 0.5 mL、0.5% 淀粉液 2 mL 以及上述制得的样品液 5 mL，再用蒸馏水定容至 10 mL。用 0.001 mol/L 碘酸钾溶液滴定，要一滴一滴加入，并不停地摇动烧杯，至微蓝色不褪色为终点（摇动 1 min 不褪色为止），记录所用碘酸钾溶液体积（mL）。

平行 3 次。用各次测定的平均值计算维生素 C 的含量。

5. 计算

$$X=\frac{V\times 0.088}{V_1}\times \frac{V_2}{m}\times 100$$

式中：X——100 g 样品所含抗坏血酸质量，mg；

V——滴定样品所用的 0.001 mol/L 碘酸钾溶液体积，mL；

0.088——1 L 0.001 mol/L 碘酸钾溶液相当的抗坏血酸的质量，g；

V_1——滴定时所用样品溶液体积，mL；

V_2——制成样品液的总体积，mL；

m——样品的质量，g。

6. 注意事项

① 新鲜蔬菜、水果捣碎成匀浆时可能产生泡沫，为定容准确，可向捣碎的匀浆内加数滴戊醇以除去泡沫。

② 操作过程尽可能迅速，以防止样品中还原型维生素 C 的氧化。

③ 提取的浆状物若不易过滤，也可离心，留取上清液进行滴定。

二、植物呼吸酶活性的测定

呼吸作用是由一系列酶所催化的氧化还原反应，代谢过程中有各种各样的氧化酶，根据它们氧化还原反应的特性，再加入特定底物后经反应可产生特定的颜色或实验现象，从而辨别呼吸酶的存在及测定呼吸酶的活性。

植物体内的呼吸酶，是催化植物在呼吸过程中进行氧化还原的一些酶类，末端氧化酶是植物体内重要的呼吸酶类。植物体内的末端氧化酶将从基质传递来的电子，直接交给氧并产生 H_2O 或过氧化氢。现已知的呼吸酶有抗坏血酸氧化酶、多酚氧化酶、细胞色素氧化酶、黄酶 4 种。这个复杂的呼吸酶系统，有助于植物对外界环境条件的适应。由此可见，测定呼吸酶的种类与活性，对了解植物的代谢情况及其与环境条件的关系有重要意义。

1. 目的 掌握滴定法测定抗坏血酸氧化酶和多酚氧化酶活性的原理和方法。

2. 原理

（1）**抗坏血酸氧化酶** 在有氧情况下，抗坏血酸氧化酶能将抗坏血酸氧化为脱氢抗坏血酸，同时促使氢与氧结合成水。抗坏血酸氧化酶的测定是在该酶的最适 pH 及适宜的温度下，向含酶反应液中加入一定量的底物——抗坏血酸，让酶与底物充分反应一定时间后加入终止剂终止反应，此时抗坏血酸氧化酶将抗坏血酸消耗掉一部分，根据抗坏血酸消耗的多少来计算酶的活性。抗坏血酸的消耗量可用碘液滴定剩余的抗坏血酸来测定。

I_2 的产生：$KIO_3+5KI+6HPO_3\longrightarrow 3I_2+6KPO_3+3H_2O$

用碘液滴定剩余的抗坏血酸：抗坏血酸 $+I_2\longrightarrow$ 脱氢抗坏血酸 $+2HI$

（2）多酚氧化酶　在氧存在下，多酚氧化酶可将多酚类氧化成相应的醌，醌又能进一步氧化抗坏血酸为脱氢抗坏血酸，本身还原为酚。反应式如下：

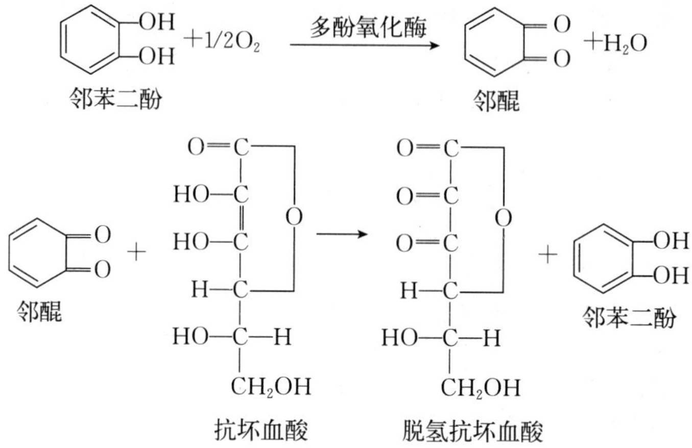

邻苯二酚 +1/2O₂ → 多酚氧化酶 → 邻醌 +H₂O

邻醌 + 抗坏血酸 → 脱氢抗坏血酸 + 邻苯二酚

这种氧化还原关系是由邻苯二酚和抗坏血酸之间的氧化还原电位差决定的。酚类物质比抗坏血酸氧化还原电位高（邻醌 $E_0' = 0.696$ V，抗坏血酸 $E_0' = 0.166$ V），因而邻醌能夺取抗坏血酸上的氢使自身得以还原。因此，多酚氧化酶的测定，除了向反应体系加入多酚氧化酶的底物——多元酚外，还要加入抗坏血酸，这就是说参加的底物有两种：邻苯二酚和抗坏血酸。让酶作用一段时间后，测定其抗坏血酸消耗量，从该消耗量中减去抗坏血酸氧化酶的消耗量（因酶液中同时有抗坏血酸氧化酶和多酚氧化酶），则可间接求得多酚氧化酶活性。

3. 材料、设备与试剂

（1）材料　新鲜植物。

（2）设备　研钵、50 mL 容量瓶、50 mL 三角瓶、微量滴定管、移液管（5 mL、2 mL、1 mL）、恒温水浴锅等。

（3）试剂

① 1/15 mol/L pH 6.0 磷酸盐缓冲液：10 mL 1/15 mol/L 磷酸氢二钠与 90 mL 1/15 mol/L 磷酸二氢钠混匀即可。

② 0.1% 抗坏血酸（当天配制）。

③ 0.02 mol/L 邻苯二酚：称取邻苯二酚 0.22 g 溶于 100 mL 水中，当天配制。

④ 10% 偏磷酸。

⑤ 1% 淀粉溶液。

⑥ 2.5 mmol/L 碘液：称取碘化钾 2.5 g 溶于 200 mL 蒸馏水中，再加 0.02 mol/L 碘酸钾溶液（0.356 7 g 碘酸钾溶于蒸馏水中并定容至 100 mL）12.5 mL，最后加 2 mol/L NaOH 1 mL，加蒸馏水到 250 mL。

4. 操作步骤

（1）酶液提取　称取新鲜植物样品（叶子 2 g，马铃薯块茎 4 g）剪碎，置研钵中，加少量石英砂和少量 pH 6.0 磷酸盐缓冲液，迅速研成匀浆（事先将缓冲液用冰水冷却，研磨时温度勿升高）。把匀浆转移至 50 mL 容量瓶中，并用缓冲液定容至刻度。于 18～20 ℃ 水浴上浸提 30 min，中间摇动数次，将上清液（酶液）倾入干净的三角瓶中备用。

（2）酶活性测定　取 6 个 50 mL 干燥三角瓶，标上号码，按表 7-1 准确操作。

表 7-1　滴定法测定抗坏血酸氧化酶和多酚氧化酶的活性

瓶号	蒸馏水/mL	抗坏血酸/mL	邻苯二酚/mL	偏磷酸/mL	酶液/mL	处理	偏磷酸/mL	备注
1	4	2	0	0	2		3	测抗坏血酸氧化酶
2	4	2	0	0	2		3	测抗坏血酸氧化酶
3	4	2	0	3	2	3 min	0	空白测定
4	3	2	1	0	2	以后	3	测多酚氧化酶
5	3	2	1	0	2		3	测多酚氧化酶
6	3	2	1	3	2		0	空白测定

各三角瓶加入水、抗坏血酸，4、5、5 号瓶加入邻苯二酚，然后将 1、2、4、5 号瓶分别加入 2 mL 酶液，准确计时 3 min 后立即加入 3 mL 偏磷酸（酶抑制剂），停止反应。3、6 号瓶应先加 3 mL 偏磷酸后再加酶液。不论加入酶液还是偏磷酸，必须立即摇匀。待反应终止后，各加淀粉指示剂 3 滴，用微量滴定管以 2.5 mmol/L 碘液滴定至出现浅蓝色为止。记录滴定值。

5. 计算

（1）抗坏血酸氧化酶活性　酶活性表示为每克植物样品中所含抗坏血酸氧化酶每分钟氧化抗坏血酸的质量（以毫克计）。计算方法如下：

$$抗坏血酸氧化酶活性 \left[mg/(g \cdot min) \right] = \frac{(V_空 - V_均) \times 0.44 \times V_{总酶}}{m_样 \times t \times V_{测酶}}$$

式中：$V_空$——3 号空白测定瓶的滴定体积，mL；

$\quad\quad V_均$——1、2 号抗坏血酸氧化酶测定瓶的滴定体积的平均值，mL；

$\quad\quad V_{总酶}$——抗坏血酸氧化酶提取液总体积，mL；

$\quad\quad m_样$——植物样品质量，g；

$\quad\quad t$——反应时间，min；

$\quad\quad V_{测酶}$——抗坏血酸氧化酶测定用酶液体积，mL；

$\quad\quad 0.44$——每毫升 2.5 mmol/L 碘液氧化抗坏血酸的质量，mg。

（2）多酚氧化酶活性　由于酶液中同时含有两种酶，因此测定多酚氧化酶系统（4、5、6 号瓶）的抗坏血酸消耗量是两种酶作用的结果。在计算多酚氧化酶活性的时候，必须减去抗坏血酸氧化酶活性。

$$多酚氧化酶活性 \left[mg/(g \cdot min) \right] = \frac{(V'_空 - V'_均) \times 0.44 \times V'_{总酶}}{m'_样 \times t' \times V'_{测酶}} - 抗坏血酸氧化酶活性$$

式中：$V'_空$——6 号空白测定瓶的滴定体积，mL；

$\quad\quad V'_均$——4、5 号多酚氧化酶测定瓶的滴定体积的平均值，mL；

$\quad\quad V'_{总酶}$——多酚氧化酶提取液总体积，mL；

$\quad\quad m'_样$——植物样品质量，g；

$\quad\quad t'$——反应时间，min；

$\quad\quad V'_{测酶}$——多酚氧化酶测定用酶液体积，mL；

$\quad\quad 0.44$——每毫升 2.5 mmol/L 碘液氧化抗坏血酸的质量，mg。

三、过氧化氢酶活性的测定

植物在逆境下或衰老时，由于体内活性氧代谢加强而使 H_2O_2 发生积累，H_2O_2 对细胞有破坏作用。同时 H_2O_2 可进一步生成羟基自由基（·OH）。羟基自由基（·OH）是化学性质最活泼的活性氧，可以直接或间接地氧化细胞内核酸、蛋白质等生物大分子，并且有非常高的速度常数，破坏性极强，可使细胞膜遭受损害，加速细胞的衰老和解体。

过氧化氢酶（catalase，CAT）普遍存在于植物组织中，它可以清除 H_2O_2，保护机体细胞稳定的内环境及细胞的正常生活，因此过氧化氢酶是植物体内重要的酶促防御系统之一，其活性与植物的代谢强度、抗逆性、活性氧水平等多方面有关，故常加以测定。

1. 目的　掌握滴定法测定过氧化氢酶活性的原理和操作。

2. 原理　过氧化氢酶是催化过氧化氢分解为水和氧的酶。过氧化氢酶活性的大小，以一定时间内分解的过氧化氢量来表示。先在酶液中加入一定量的过氧化氢，一定时间后加入硫酸终止反应，测定剩余过氧化氢量，从而得知酶分解的过氧化氢量，即可计算出酶活性。过氧化氢含量可用碘量法测定，即以钼酸铵为催化剂，使过氧化氢与碘化钾反应，放出游离碘，然后用硫代硫酸钠滴定碘，其反应为：

$$H_2O_2 + 2KI + H_2SO_4 \longrightarrow I_2 + K_2SO_4 + 2H_2O$$

$$I_2 + 2Na_2S_2O_3 \longrightarrow 2NaI + Na_2S_4O_6$$

连四硫酸钠

先用硫代硫酸钠分别滴定空白液（可求出总的过氧化氢量）和反应液（可求出未分解的过氧化氢量），再根据二者滴定值之差求出被酶分解的过氧化氢量，即可计算出酶的活性。

3. 材料、设备与试剂

（1）材料　新鲜的小麦叶子。

（2）设备　天平、研钵、100 mL 容量瓶、50 mL 酸式滴定管、恒温水浴锅、移液管（10 mL、5 mL、1 mL）、100 mL 三角瓶等。

（3）试剂

① 石英砂。

② 1.8 mol/L 硫酸。

③ 10％钼酸铵。

④ 1％淀粉。

⑤ 0.02 mol/L 硫代硫酸钠。

⑥ 0.05 mol/L 过氧化氢：取 1 mL 30％过氧化氢，用水稀释至 150 mL，用 0.02 mol/L 硫代硫酸钠标定。

⑦ 20％碘化钾。

4. 操作步骤

（1）酶液提取　称取混匀的新鲜小麦叶子 1 g 置于研钵中，加少量石英砂和 2 mL 蒸馏水，仔细研磨成匀浆，移入 100 mL 容量瓶中，研钵用少量蒸馏水冲洗，冲洗液也一并移入容量瓶中，用蒸馏水稀释至刻度，振荡片刻，静置过滤，吸取滤液 10 mL 至另一个 100 mL 容量瓶中，加蒸馏水稀释至刻度，摇匀备用。

（2）测定　取 100 mL 三角瓶 4 个，编号。向各瓶准确加入 10 mL 稀释后的酶液，立即将 3、4 号瓶中加入 1.8 mol/L 硫酸 5 mL 以终止酶的活动，作为空白。然后将各瓶放在

20 ℃水浴中保温，待瓶内温度达 20 ℃时，向各瓶准确加入 5 mL 0.05 mol/L 过氧化氢，摇匀并计时，20 ℃水浴中作用5 min后，依次向 1、2 号瓶中加入 5 mL 1.8 mol/L 硫酸，然后向各瓶中加入 1 mL 20％碘化钾、3 滴钼酸铵和 5 滴淀粉指示剂。用 0.02 mol/L 硫代硫酸钠滴定至蓝色消失。记录滴定值（表 7 - 2）。

表 7 - 2　滴定法测定过氧化氢酶活性的过程

瓶号	酶液/mL	1.8 mol/L 硫酸/mL	保温	0.05 mol/L 过氧化氢/mL	保温	1.8 mol/L 硫酸/mL	20％碘化钾/mL	钼酸铵溶液/滴	淀粉溶液/滴	0.02 mol/L 硫代硫酸钠滴定量/mL
1	10	0	待瓶	5		5	1	3	5	$V_{反应液}$
2	10	0	内温	5	5 min	5	1	3	5	$V_{反应液}$
3	10	5	度达	5		0	1	3	5	$V_{空白}$
4	10	5	20 ℃	5		0	1	3	5	$V_{空白}$

5. 计算　过氧化氢酶活性表示为每克样品中所含过氧化氢酶每分钟能够分解 H_2O_2 的质量（以毫克计）。

$$过氧化氢酶活性 [mg/(g \cdot min)] = \frac{被分解\ H_2O_2\ 量（mg）\times 酶液总体积（mL）}{测定时酶液用量（mL）\times 样品质量（g）\times 测定时间（min）}$$

$$被分解\ H_2O_2\ 量（mg）=(V_{空白}-V_{反应液})\times c_{硫代硫酸钠}\times 17$$

式中：$V_{空白}$——3、4 号瓶硫代硫酸钠滴定量的平均值，mL；

$V_{反应液}$——1、2 号瓶硫代硫酸钠滴定量的平均值，mL；

$c_{硫代硫酸钠}$——硫代硫酸钠的物质的量浓度，mol/L；

17——1 mol 硫代硫酸钠相当于过氧化氢的质量，g。

第八章　生物化学技术的综合应用

第一节　酶活性的测定

一、酶的专一性及影响酶促反应速度的因素

1. 目的　通过本实验，证明酶对底物催化的专一性，以及探究 pH、温度、激活剂、抑制剂对酶促反应速度的影响。

2. 原理　酶对催化的反应和反应物有严格的选择性，称为酶的专一性。酶的专一性是酶作为生物催化剂与一般催化剂不同的特点之一。酶促反应速度受到多种因素的影响，如温度、pH、激活剂及抑制剂等都对酶的活性有显著影响。本实验以唾液淀粉酶为例，观察酶作用的专一性及各种环境条件下酶活性的变化。

唾液淀粉酶能专一地催化淀粉水解，生成一系列水解产物，即各种糊精、麦芽糖、葡萄糖等。麦芽糖或葡萄糖都属于还原糖，能使班氏试剂中的二价铜离子还原，并生成砖红色的氧化亚铜。淀粉酶不能催化蔗糖水解，且蔗糖本身不是还原糖，所以不能与班氏试剂发生作用呈色。以此证明酶催化底物的专一性。

淀粉或淀粉的水解产物遇碘会呈现不同的颜色。淀粉遇碘变蓝色；糊精遇碘则根据其分子质量的大小依次呈现紫色、褐色及红色；麦芽糖、葡萄糖遇碘不呈色。通过不同反应条件下产物与碘的颜色变化，可以了解唾液淀粉酶催化淀粉分解的程度，反映出不同条件对酶促反应速度的影响。

3. 材料、设备与试剂

（1）**材料**　稀释唾液。制备方法：用自来水漱口 3 次，然后取 20 mL 蒸馏水含于口中，30 s 后吐入烧杯中，纱布过滤，取滤液 10 mL，稀释至 20 mL，即为稀释唾液，供实验用。

（2）**设备**　恒温水浴锅、试管、白色瓷盘等。

（3）**试剂**

① 0.5% 淀粉溶液：称取可溶性淀粉 0.5 g，加蒸馏水少许搅拌成糊状，然后加煮沸的水至 100 mL。

② 碘化钾-碘溶液：称取碘化钾 2 g 及碘 1.27 g 溶解于 200 mL 蒸馏水中，使用前用蒸馏水稀释 5 倍。

③ 1% $CuSO_4$ 溶液：称取 $CuSO_4 \cdot 5H_2O$ 1 g，用蒸馏水溶解并定容至 100 mL。

④ pH 5.0、pH 6.8、pH 10.0 广范围缓冲液。

⑤ 1.0% NaCl 溶液。

⑥ 班氏试剂：称取 $CuSO_4 \cdot 5H_2O$ 17.3 g 溶解于 100 mL 热的蒸馏水中，冷却后为 A 液。称取柠檬酸钠 173 g 和 $Na_2CO_3 \cdot 2H_2O$ 100 g，加蒸馏水 600 mL，加热溶解，冷却后为 B 液。将 A 液缓慢倒入 B 液中，边加边搅拌，最后用蒸馏水定容至 1 000 mL 即为班氏试剂。若有沉淀可过滤去除。此试剂可长期保存。

4. 操作步骤

（1）温度对酶促反应速度的影响　取 3 支干净的试管，编号，按照表 8-1 顺序添加试剂，进行温度处理。

表 8-1　温度对酶促反应速度的影响

试管号	pH 6.8 广范围缓冲液/mL	0.5%淀粉溶液/mL	温度处理	稀释唾液（即酶液）/mL	温度处理
1	1.0	2.0	0 ℃，5 min	1.0	0 ℃，1 min
2	1.0	2.0	37 ℃，5 min	1.0	37 ℃，1 min
3	1.0	2.0	100 ℃，5 min	1.0	100 ℃，1 min

第 2 次温度处理结束后，将 2 号管溶液滴在白色瓷盘上，每隔 1 min 滴 1～2 滴碘液与其混合（此步骤可请老师协助完成），观察颜色变化，拍照并记录。待 2 号管中反应液遇碘不发生颜色变化（即只呈碘的颜色）时，往 1、3 号管中也滴 2～3 滴碘液，充分混合后，观察颜色变化，拍照并记录，说明温度对唾液淀粉酶活性的影响。

（2）pH 对酶促反应速度的影响　取 3 支干净的试管，编号，按照表 8-2 顺序添加试剂，进行保温处理。

表 8-2　pH 对酶促反应速度的影响

试管号	pH 处理	0.5%淀粉溶液/mL	保温处理	稀释唾液（即酶液）/mL	保温处理
1	pH 5.0 广范围缓冲液 1.0 mL	2.0		1.0	
2	pH 6.8 广范围缓冲液 1.0 mL	2.0	37 ℃，5 min	1.0	37 ℃，1 min
3	pH 10.0 广范围缓冲液 1.0 mL	2.0		1.0	

第 2 次保温处理结束后，将 2 号管溶液滴在白色瓷盘上，每隔 1 min 滴 1～2 滴碘液与其混合，观察颜色变化，拍照并记录。待 2 号管中反应液遇碘不发生颜色变化（即只呈碘的颜色）时，往 1、3 号管中也滴 2～3 滴碘液，充分混合后，观察颜色变化，拍照并记录，判断在不同 pH 中淀粉水解的程度，说明 pH 对唾液淀粉酶活性的影响。

（3）激活剂和抑制剂对酶促反应速度的影响　取 3 支干净的试管，编号，然后按照表 8-3 顺序添加试剂，进行保温处理。

表 8-3　激活剂和抑制剂对酶促反应速度的影响

试管号	pH 6.8 广范围缓冲液/mL	0.5%淀粉溶液/mL	不同试剂处理	保温处理	稀释唾液（即酶液）/mL	保温处理
1	1.0	2.0	1%NaCl，1.0 mL		1.0	
2	1.0	2.0	蒸馏水，1.0 mL	37 ℃，5 min	1.0	37 ℃，1 min
3	1.0	2.0	1%CuSO$_4$，1.0 mL		1.0	

第 2 次保温处理结束后，分别将 3 个试管中的溶液滴在白色瓷盘上，每隔 1 min 滴 1～2 滴碘液与其混合，观察颜色变化，拍照并记录。

（4）观察酶的专一性　取 2 支干净的试管，编号，然后按照表 8-4 顺序添加试剂，进行保温处理。

表 8-4　酶作用的专一性

试管号	pH 6.8 广范围缓冲液/mL	不同底物	稀释唾液（即酶液）/mL	保温处理	班氏试剂/mL	保温处理
1	1.0	0.5%淀粉溶液 2.0 mL	1.0	37 ℃，10 min	1.0	100 ℃，3 min
2	1.0	0.5%蔗糖溶液 2.0 mL	1.0		1.0	

第 2 次保温处理结束后，从恒温水浴锅中取出试管，观察颜色变化，拍照并记录。

5. 注意事项

① 稀释唾液加入时应迅速，其中放入沸水浴的试管，当唾液加入后应立即放入沸水浴。

② $CuSO_4$ 溶液为唾液淀粉酶的抑制剂，NaCl 溶液为该酶的激活剂。激活剂和抑制剂不是绝对的，有些物质在低浓度时是激活剂，而在高浓度时则为该酶的抑制剂。例如，NaCl 溶液到 1/3 饱和度时就成为唾液淀粉酶的抑制剂。

二、琥珀酸脱氢酶的作用及竞争性抑制作用的观察

1. 目的　掌握琥珀酸脱氢酶的作用及体外脱氢后氢的去路；理解丙二酸对琥珀酸脱氢酶的抑制作用。

2. 原理　琥珀酸脱氢酶（succinate dehydrogenase，SDH）是三羧酸循环中的一个重要的酶，该酶可使琥珀酸脱氢而生成延胡索酸。在体内该酶脱下氢，其电子可进入 $FADH_2$ 呼吸链，通过一系列电子传递体最后传递给氧而生成水；在体外，缺氧情况下，若有适当的受氢体也可显示出琥珀酸脱氢酶的作用。如心肌中的琥珀酸脱氢酶在缺氧的情况下，可使琥珀酸脱氢，脱下的氢可将蓝色的亚甲蓝还原成无色的甲烯白。因此，通过亚甲蓝颜色的变化，可直接观察琥珀酸脱氢酶的作用。

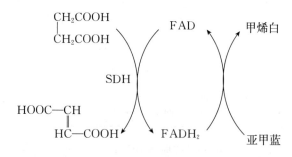

丙二酸的化学结构与琥珀酸相似，它能与琥珀酸竞争琥珀酸脱氢酶。若琥珀酸脱氢酶已与丙二酸结合，则不能再催化琥珀酸脱氢，这种现象称为竞争性抑制。增加底物琥珀酸的浓度，则可减弱甚至解除丙二酸的抑制作用。

3. 材料、设备与试剂

（1）材料　新鲜鸡心。

（2）设备　恒温水浴锅、玻璃匀浆器（研钵）、剪刀等。

（3）试剂

① 1.5%琥珀酸钠溶液：称取琥珀酸钠1.5 g，用蒸馏水溶解并稀释至100 mL。如无琥珀酸钠，可将琥珀酸用蒸馏水配成1.5%琥珀酸溶液后，以5 mol/L氢氧化钠溶液调至pH 7～8。

② 1%丙二酸钠溶液：称取丙二酸钠1 g，用蒸馏水溶解并稀释至100 mL。

③ 0.02%亚甲蓝溶液。

④ pH 7.3 1/15 mol/L磷酸盐缓冲液。

⑤ 液体石蜡。

⑥ 石英砂。

4. 操作步骤

（1）琥珀酸脱氢酶液的提取　称取新鲜鸡心1.5～2.0 g置研钵中，充分剪碎，加入等量的石英砂及1/15 mol/L磷酸盐缓冲液3～4 mL，研磨成匀浆，再加入6～7 mL 1/15 mol/L磷酸盐缓冲液，离心，取上清液，即为酶提取液，备用。

（2）酶反应　取4支试管，编号，并按表8-5操作。

表8-5　竞争性抑制剂对琥珀酸脱氢酶作用的影响

试剂	试管号			
	1	2	3	4
1/15 mol/L磷酸盐缓冲液/mL	1	1	1	1
1.5%琥珀酸钠溶液/mL	1	1	1	2
1%丙二酸钠溶液/mL	0	0	1	1
蒸馏水/mL	2	2	1	0
酶提取液/mL	1	1（先煮沸）	1	1
0.02%亚甲蓝溶液/mL	0.2	0.2	0.2	0.2

各管溶液混匀后，各加液体石蜡一薄层（约10滴）。然后置于37 ℃水浴中，观察并记录各管颜色变化快慢、先后及程度，分析各管产生不同结果的原因。然后将1号管用力摇动，观察其有何变化。

5. 注意事项

① 各管加液体石蜡前，一定充分混匀，加液体石蜡后，切勿摇动。

② 研磨鸡心时，一定要充分研成匀浆，以便使酶从细胞内释放出来。

③ 2号管加入的酶提取液应预先在沸水中煮5 min，以作为对照。

三、大蒜中SOD的提取、纯化及活性测定

（一）大蒜中SOD的提取、纯化

1. 目的　了解SOD的提取方法及操作；掌握SOD提取各步骤所利用的蛋白质性质。

2. 原理　SOD是一种广泛存在于生物体内，能催化超氧负离子发生歧化反应的金属酶类。由于该类酶能有效清除机体内的超氧自由基，可有效地预防活性氧对生物体的毒害作用，因而具有抗辐射、抗肿瘤及延缓机体衰老等功能，在保健品、医药和化妆品行业中有重

要的应用价值。

目前已知的 SOD 主要分为 3 类，即 Cu/Zn‐SOD、Mn‐SOD、Fe‐SOD。其中，Cu/Zn‐SOD 呈蓝绿色，主要存在于真核细胞的细胞浆内，相对分子质量在32 000左右，由2 个亚基组成，每个亚基含 1 个铜原子和 1 个锌原子。Mn‐SOD 呈粉红色，相对分子质量因其来源不同而异，来自原核细胞的 Mn‐SOD 相对分子质量约为 40 000，由 2 个亚基组成，每个亚基各含 1 个锰原子；来自真核细胞线粒体的 Mn‐SOD，由 4 个亚基组成，相对分子质量约为 80 000。Fe‐SOD呈黄色，只存在于原核细胞中，相对分子质量为 38 000 左右，由 2 个亚基组成，每个亚基各含 1 个铁原子。

目前我国传统工业大多从动物的血液和内脏器官中提取 SOD，但这类原料来源有限，成分复杂，且在贮存、运输等方面存在诸多不便，因此容易导致生产工艺复杂化，使生产成本大幅度上升。近年来的研究发现，大蒜细胞中含有丰富的 Cu/Zn‐SOD，其分子质量与从牛血等动物血细胞中所提取的 SOD 十分接近。由于其来源丰富、易于处理而使生产成本大大降低，而且生产工艺也能得到很大的简化，这对于扩大生产规模、实现 SOD 的广泛应用将是十分有益的。

3. 材料、设备与试剂

（1）材料 大蒜。

（2）设备 高速冷冻离心机、恒温水浴箱、酸度计、UV‐1100 紫外‐可见分光光度计、磁力搅拌器、层析柱、核酸蛋白检测仪、BSZ‐100 自动部分收集器、HL‐1 恒流泵、LM‐17 型记录仪、天平、研钵、微量进样器、注射器、红墨水、记录指针、纱布、漏斗、烧杯（100 mL、400 mL、2 000 mL）、容量瓶（50 mL、100 mL、500 mL、1 000 mL）、量筒（10 mL、50 mL、100 mL）等。

（3）试剂

① pH 7.8 50 mmol/L 磷酸盐缓冲液：

A 液（0.2 mol/L Na_2HPO_4）：称取 71.6 g $Na_2HPO_4 \cdot 12H_2O$，加蒸馏水溶解并定容至 1 000 mL。

B 液（0.2 mol/L NaH_2PO_4）：称取 15.6 g $NaH_2PO_4 \cdot 2H_2O$，加蒸馏水溶解并定容至 500 mL。

用时，91.5 mL A 液＋8.5 mL B 液混匀，然后稀释 4 倍即为 pH 7.8 50 mmol/L 磷酸盐缓冲液。

② 0.5 mol/L HCl 溶液：量取 42 mL 浓 HCl（12 mol/L），用蒸馏水定容至 1 000 mL。

③ 0.5 mol/L NaOH 溶液：称取 20 g NaOH，加蒸馏水溶解并定容至 1 000 mL。

④ 1 mol/L NaCl 溶液：称取 58.44 g NaCl，加蒸馏水溶解并定容至 1 000 mL。

⑤ 1 mmol/L EDTA。

⑥ 丙酮。

⑦ 聚乙二醇 6000（PEG 6000）。

⑧ DEAE‐纤维素（DEAE‐52）。

⑨ 硫酸铵。

⑩ 氯化钡。

4. 操作步骤

（1）粗酶液的制备 去皮大蒜50 g，切碎放入研钵，加入少量磷酸盐缓冲液（50 mmol/L，

pH 7.8），匀浆后置于 100 mL 容量瓶中，用磷酸盐缓冲液洗研钵 3～4 次，洗液一并移至容量瓶中，最后定容至刻度。0～4 ℃环境中浸提 1～3 h，用 4 层纱布过滤，4 ℃ 10 000 r/min 高速冷冻离心 10 min 后取上清液，即得粗酶液，测其体积（部分保存，准备测酶活性和蛋白质浓度）。

（2）热变性沉淀杂蛋白　将上述粗酶液放在 60 ℃的水浴中保温 20 min，10 000 r/min 冷冻离心 10 min，取上清液，测其体积（部分保存，准备测酶活性和蛋白质含量）。

（3）有机溶剂等电点沉淀杂蛋白

① 将上述上清液的 pH 用盐酸调节至 3.0，测体积，缓慢加入等体积－20 ℃预冷的丙酮，静置10 min，10 000 r/min 冷冻离心 10 min，取上清液（部分保存，准备测酶活力和蛋白浓度）。

② 加入 1.3 倍体积的丙酮，10 000 r/min 冷冻离心，取沉淀，最小量溶解于磷酸盐缓冲液（50 mmol/L pH 7.8）中，测体积（部分保存，准备测酶活性和蛋白质含量）。

（4）盐析去除杂蛋白，提纯 SOD

① 取上述酶提取液在 0 ℃预冷 5 min，按表 3-2 查出该体积下 0 ℃硫酸铵达到 50％的饱和度需加入的质量，然后将硫酸铵研磨成细的白色粉末状，慢慢加入，边加边用磁力搅拌器搅拌均匀，防止局部浓度过高，在 4 ℃冰箱保存 2 h，然后 10 000 r/min 离心 20 min，去沉淀，取上清液，测体积（部分保存，准备测酶活性和蛋白质含量）。

② 将剩余的上清液再加入硫酸铵粉末，饱和度达到 90％，然后收集沉淀，将沉淀最小量溶解在磷酸盐缓冲液（pH 7.8 50 mmol/L）中，测体积（部分保存，准备测酶活性和蛋白质含量）。该步骤中加入硫酸铵的方法和上一步骤相同。

（5）透析脱盐　将盐析后的 SOD 酶液装入截留相对分子质量为 112 万的透析袋内，于 500 mL 的烧杯中用蒸馏水透析。4 ℃下静置，每隔 30 min 换水 1 次，进行多次操作，用氯化钡溶液检查至硫酸根除净，将透析袋中的脱盐液倒出，测体积（部分保存，准备测酶活性和蛋白质含量）。

（6）PEG 6000 浓缩　在上述脱盐 SOD 酶液中加入 PEG 6000，用磁力搅拌器搅拌，逐渐使其浓度达到 40％，离心，取沉淀。沉淀用 50 mmol/L 的磷酸盐缓冲溶液溶解，测体积，准备上柱（部分保存，准备测酶活性和蛋白质浓度）。

（7）DEAE-纤维素（DEAE-52）离子交换柱（20 cm×1 cm）层析　应用离子交换层析技术分离物质时，选择理想的离子交换树脂是分离的重要环节。应根据各类树脂的性能以及待分离物质的理化性质，选择一种最理想的离子交换树脂进行层析分离。

① 样品处理：样品为上述提取纯化的 SOD 样液。

② 离子交换树脂的处理：取一定量的 DEAE-52，使用前先用去离子水浸泡 2 h 左右，利用悬浮法去除细小颗粒，用减压法去除气泡。使用时，先用 2～4 倍量的 0.5 mol/L NaOH 溶液浸泡 1 h，除去树脂中的碱性杂质，用水洗至中性，再用 2～4 倍量的 0.5 mol/L HCl 溶液浸泡 0.5 h，除去酸性杂质，用水洗至中性。然后再用上述 NaOH 和 HCl 各处理一次（注意，在每次用酸或碱处理后，均应用去离子水洗至中性）。

③ 层析柱的安装：将洗干净的层析柱垂直固定在稳定的支架上，底部橡皮塞中插入一支内径1 mm、长约 5 cm 的毛细管作为流出口，并在橡皮塞上面铺一圆形的尼龙网或滤纸以防树脂漏出，并向柱中装入水。将处理好的交换树脂悬浮液加入层析柱内，使树脂自然沉积。

④ 平衡：用洗脱缓冲液反复加在柱床上面，平衡 10 min，最后接通蠕动泵，调节好

流速。

⑤ 加样：上样体积为 5 mL。

⑥ 洗脱：用 pH 7.8 50 mmol/L 磷酸盐缓冲液（放在右边梯度容器）＋1 mol/L NaCl（放在左边梯度容器）进行梯度洗脱，控制流速为 0.12 mL/min，收集各洗脱峰液体，每管收集 3 mL，洗脱结束后测定每管中的蛋白质含量和 SOD 的活性。

⑦ 树脂的再生：可采用上述②的方法进行处理。

⑧ 绘制洗脱曲线。

（二）SOD 酶活性及蛋白质含量检测

1. 目的　掌握 SOD 酶活性及蛋白质含量测定的原理和方法。

2. 原理　SOD 的活性测定方法有很多，常见的有化学法、免疫法和等电聚焦电泳，其中化学法应用最普遍。化学法的原理主要是利用有些化合物在自氧化过程中会产生有色中间物和 O_2^-，利用 SOD 分解而间接推算酶活力。在化学法中，最常用的有黄嘌呤氧化酶法、邻苯三酚自氧化法、化学发光法、肾上腺素法、氯化硝基四氮唑蓝（NBT）还原法、光化学扩增法、Cytc 还原法等。

本实验采用邻苯三酚自氧化法。邻苯三酚在碱性条件下能迅速自氧化，释放出 O_2^-，生成带色的中间产物，反应开始后反应液先变成棕黄色，几分钟后转绿，几小时后又转变成黄色，这是生成的中间物不断氧化的结果。这里测定的是邻苯三酚自氧化过程中的初始阶段，中间物的积累在滞留 30～45 s 后，与时间呈线性关系，一般线性时间维持在 4 min 的范围内，中间物在 420 nm 波长处有强烈光吸收。当有 SOD 存在时，由于它能催化 O_2^- 与 H^+ 结合生成 O_2 和 H_2O_2，从而阻止了中间产物的积累，因此，通过计算即可求出 SOD 的酶活性。

酶活力单位定义：在 25 ℃恒温条件下，每毫升反应液中，每分钟抑制邻苯三酚自氧化率达 50％的酶量定义为 1 个酶活力单位。

蛋白质含量检测采用考马斯亮蓝染色法。

3. 材料、设备与试剂

（1）材料　（一）大蒜中 SOD 的提取、纯化实验中酶液粗提、热变性、有机溶剂等电点沉淀、盐析、透析、PEG 6000 浓缩、离子交换层析等各步骤所收集的酶提取液，作为样品材料进行测定。

（2）设备　恒温水浴锅、紫外分光光度计、试管、刻度吸管、微量注射器等。

（3）试剂

① pH 8.2 50 mmol/L Tris－HCl 缓冲溶液：称取 6.1 g Tris 和 0.37 g EDTA・Na_2，用双蒸水溶解至 800 mL 左右，用 0.5 mol/L HCl 调节 pH 至 8.2，最后用蒸馏水定容至 1 000 mL。

② 0.2 mol/L Tris 溶液：称取 6.05 g Tris，蒸馏水定容至 250 mL。

③ 0.1 mol/L HCl 溶液：量取 2.1 mL 12 mol/L HCl，用蒸馏水定容至 250 mL。

④ 50 mmol/L 邻苯三酚－HCl 溶液：称取邻苯三酚（AR）0.063 g，溶于少量 10 mmol/L HCl 溶液，并用蒸馏水定容至 100 mL。

⑤ 10 mmol/L HCl 溶液：量取 10 mL 0.1 mol/L HCl 溶液，用蒸馏水定容至 100 mL。

⑥ 1 mg/mL 牛血清白蛋白溶液：称取 100 mg 结晶牛血清白蛋白，溶于 100 mL 蒸馏水中。

⑦ 考马斯亮蓝 G-250 溶液：称取 100 mg 考马斯亮蓝 G-250 溶于 50 mL 95%乙醇溶液中，加入 85%磷酸 100 mL，最后用蒸馏水定容至 1 000 mL（注意，用磷酸调整后溶液呈土褐色，若溶液为蓝色则不可用）。

4. 操作步骤

（1）样品中 SOD 酶活性的测定

① 邻苯三酚自氧化速率的测定：取 3 支干净的试管，编号，然后按表 8-6 加试剂。

表 8-6 邻苯三酚自氧化速率的测定

试管号	Tris-HCl (50 mmol/L)/mL	蒸馏水/mL	保温处理	邻苯三酚-HCl (25 ℃预热)/mL	10 mmol/L HCl/mL
1	4.5	4.2		0	0.3
2	4.5	4.2	25 ℃，20 min	0.3	0
3	4.5	4.2		0.3	0

将试剂迅速摇匀后倒入比色皿，以 1 号管调零，在波长 420 nm 处每隔 0.5 min 测 1 次 2、3 号管的吸光度值，取平均值计算线性范围内每分钟吸光度的增值，即为邻苯三酚的自氧化速率。

② SOD 酶活性的测定：取 3 支干净的试管，编号，然后按表 8-7 加试剂。

表 8-7 SOD 酶活性的测定

试管号	Tris-HCl (50 mmol/L)/mL	SOD 液/mL	蒸馏水/mL	保温处理	邻苯三酚-HCl (25 ℃预热)/mL	10 mmol/L HCl/mL
1	4.5	1	3.2		0	0.3
2	4.5	1	3.2	25 ℃，20 min	0.3	0
3	4.5	1	3.2		0.3	0

加入邻苯三酚前，先加一定体积的 SOD 液，蒸馏水减少相应的体积，其余均与邻苯三酚自氧化速率的测定要求一致。计算加酶后邻苯三酚的自氧化速率。

注：酶液应根据各收集液蛋白质含量进行调整。

$$酶活力 = \frac{(v_{自氧化} - v_{加酶后}) \times 100\% \times V_{总} \times n}{v_{自氧化} \times 50\% \times V_{测}}$$

式中：$v_{自氧化}$——邻苯三酚的自氧化速率；

$\quad\quad v_{加酶后}$——加酶后邻苯三酚的自氧化速率；

$\quad\quad V_{总}$——每步获得的酶液总体积，mL；

$\quad\quad V_{测}$——测定用酶液体积，mL；

$\quad\quad n$——稀释倍数。

（2）蛋白质含量的测定　用牛血清白蛋白作标准，按 Bradford 法测定蛋白质含量。

① 标准曲线的制作：取 6 支试管，按表 8-8 加样，然后每管分别加入 5 mL 考马斯亮蓝 G-250 溶液，充分混匀，放置 2 min，以 1 号管调零，测 A_{595}。以每管蛋白质浓度为横坐标，A_{595} 为纵标，绘制标准曲线。

表 8 - 8 测定蛋白质含量的标准曲线的制作

试剂	试管号					
	1	2	3	4	5	6
牛血清白蛋白（1 mg/mL）/mL	0	0.02	0.04	0.06	0.08	0.10
蒸馏水/mL	1.0	0.98	0.96	0.94	0.92	0.90
蛋白质浓度/(μg/mL)	0	20	40	60	80	100

② 样品蛋白质含量的测定：按表 8 - 9 加样，然后每管分别加入 5 mL 考马斯亮蓝 G - 250 溶液，充分混匀，放置 2 min，以 1 号管调零，测 A_{595}。根据标准曲线，查出样品蛋白质含量。

表 8 - 9 样品蛋白质含量的测定

试剂	试管号		
	1	2	3
各步骤收集液体/mL	0	0.5	0.5
蒸馏水/mL	1.0	0.5	0.5

注：所加入蛋白质的量根据各收集提取步骤进行调整。

5. 实验结果 将上述各步骤收集的样品测定结果填入表 8 - 10。

表 8 - 10 大蒜中 SOD 的提取、纯化及活性与含量测定

项目	总体积/mL	蛋白质含量/(μg/mL)	总蛋白质量/mg	总活力/U	比活力/(U/mg)	纯化倍数	回收率/%
粗酶液							
热变性后上清液							
有机溶剂等电沉淀离心上清液							
丙酮沉淀溶解							
盐析（50%）							
盐析（90%）溶解沉淀							
透析/超滤							
PEG 6000 浓缩							
DEAE - 52 层析							

注：总蛋白质量＝蛋白质含量×总体积，比活力＝总活力/总蛋白质量，纯化倍数＝每步比活力/粗酶液比活力，回收率＝每步总蛋白质量/粗酶液总蛋白质量×100%。

第二节 植物基因组 DNA 的提取

1. 目的 掌握植物基因组 DNA 提取的基本原理和方法；学习根据不同的植物和实验要求设计和改良植物基因组 DNA 的提取方法。

2. 原理 通常采用机械研磨的方法破碎植物的组织和细胞，由于植物细胞匀浆含有多种酶类（尤其是氧化酶类），会对 DNA 的抽提产生不利的影响。因此，在抽提缓冲液中需加入抗氧化剂或强还原剂（如巯基乙醇）以降低这些酶类的活性。在液氮中研磨材料，材料易于破碎，并减少研磨过程中各种酶类的作用。

十二烷基肌酸钠、十六烷基三甲基溴化铵（cetyltrimethylammonium bromide，CTAB）、SDS 等离子型表面活性剂，能溶解细胞膜和核膜蛋白，使核蛋白解聚，从而使 DNA 得以游离出来。再加入苯酚和氯仿等有机溶剂，能使蛋白质变性，并使抽提缓冲液分相。因核酸（DNA、RNA）水溶性很强，经离心后即可从抽提缓冲液中除去细胞碎片和大部分蛋白质。上清液中加入无水乙醇使 DNA 沉淀，沉淀 DNA 溶于 TE 缓冲液中，即得植物总 DNA 溶液。

3. 材料、设备与试剂

（1）材料　小麦幼叶。

（2）设备　EP（Eppendorf）管、移液器（10 μL、20 μL、50 μL、200 μL、1 000 μL、5 000 μL）、便携式液氮罐、TW 系列通用水浴槽、高速台式冷冻离心机、小型高速离心机、电子分析天平、超低温冰箱等。

（3）试剂

① 2% CTAB 抽提缓冲液：内含 2% CTAB、100 mmol/L Tris - HCl（pH 8.0）、20 mmol/L EDTA（pH 8.0）、1.4 mol/L NaCl。

② 其他试剂：巯基乙醇、氯仿-异戊醇（24＋1，体积比）、无水乙醇、70% 乙醇、TE 缓冲液等。

4. 操作步骤

① 2% CTAB 抽提缓冲液中加入巯基乙醇使巯基乙醇终浓度为 1%，65 ℃预热。

② 取约 0.5 g 新鲜叶片，在液氮中充分研磨，把粉末倒入盛有预热的 600 μL CTAB 抽提缓冲液（含 1% 巯基乙醇）的 EP 管中，轻轻混匀。

③ 60 ℃水浴 40 min，其间摇动几次。

④ 加入等体积的氯仿-异戊醇（24＋1，体积比），轻轻混匀，12 000 r/min 离心 5 min，吸取上清液。

⑤ 重复抽提 2～3 次。

⑥ 吸取上清液，加入 2 倍体积的无水乙醇，小心混匀以沉淀 DNA，可见絮状沉淀。

⑦ 10 000 r/min 离心 10 min，弃掉上清液。

⑧ 沉淀用 70% 乙醇洗涤 2 次。

⑨ 干燥沉淀，将其溶于 50 μL TE 缓冲液中，于－20 ℃贮存。

5. 注意事项

① 叶片磨得越细越好。

② 由于植物细胞中含有大量的 DNA 酶，因此，除在抽提缓冲液中加入 EDTA 抑制酶的活性外，操作步骤②的操作应迅速，以免组织解冻，导致细胞裂解释放出 DNA 酶，使 DNA 降解。

第三节　PCR 技术扩增 DNA 片段

1. 配制反应体系　在 50 μL 的 PCR 管中依次加入以下试剂：去离子水 16.2 μL，10× PCR 缓冲液 2.5 μL，脱氧核苷三磷酸（dNTP）2 μL，引物 1 为 1 μL，引物 2 为 1 μL，DNA 模板 2 μL，*Taq* 酶 0.3 μL。注意每换一种试剂务必换一个枪头。每次 PCR 实验应同时进行阴性对照和阳性对照。阴性对照即以 1 μL 双蒸水取代 DNA 模板，阳性对照是以

1 μL 含有目的基因的质粒代替 DNA 模板。

将 PCR 反应液混匀, 瞬时离心 1~2 s, 置于 PCR 仪, 启动 PCR 程序进行扩增。

2. 设置 PCR 仪的循环程序

① 94 ℃, 5 min。

② 94 ℃, 1 min。

③ 退火 50~60 ℃, 1 min (根据试验要求修改)。

④ 72 ℃, 2 min。

重复步骤②~④, 30 个循环。

⑤ 72 ℃, 10 min。

3. 结果分析 扩增结束后, 取 5 μL 扩增产物进行琼脂糖凝胶电泳, 在紫外灯下观察扩增产物。

第四节　DNA 琼脂糖凝胶电泳

1. 琼脂糖凝胶的制备 称取 0.40 g 琼脂糖, 置于三角瓶中, 加入 40 mL TBE 缓冲液, 经沸水浴加热全部溶化后, 取出摇匀, 此为 1% 的琼脂糖凝胶。

2. 胶板的制备 取透明胶带 (宽约 1 cm) 将有机玻璃板的边缘封好, 水平放置, 将样品槽板垂直立在玻璃板表面。将冷却至 65 ℃左右 (不烫手) 的琼脂糖凝胶液加入 Goldview 核酸染料, 轻轻摇动, 避免产生气泡, 小心将凝胶液倒入玻璃板中央, 使胶液缓慢展开, 直到在整个玻璃板表面形成均匀的胶层, 室温下静置 30 min。待凝固完全后, 轻轻拔出样品梳, 在胶板上即形成相互隔开的样品槽。用滴管将样品槽内注满 TBE 缓冲液以防止干裂, 制备好胶板后立即取下透明胶, 将胶板放在电泳槽中使用 (有点样孔的一端置于负极)。

3. 加样 用微量加样器将上述样品 (Goldview 染色样品) 分别加入胶板的样品小槽内。每次加完一个样品, 更换一次枪头, 以防止相互污染。

4. 电泳 未加样品前的凝胶板, 通电 15 min 预电泳, 以平衡电荷。加完样品后的凝胶板, 立即通电。样品进胶前, 应使电流控制在 20 mA; 样品进胶后, 电压控制在 100~120 V, 电流为 40~50 mA。当指示前沿移动至距离胶板 1~2 cm 处时, 停止电泳。

5. 观察 将电泳后的胶板放在紫外灯下, 观察在琼脂糖凝胶中的 DNA 条带。

第五节　Southern 杂交

1. 目的 掌握 Southern 杂交的原理及操作。

2. 原理 Southern 杂交是分子生物学的经典实验方法。其基本原理是将待检测的 DNA 样品固定在固相载体上, 与标记的核酸探针进行杂交, 在与探针有同源序列的固相 DNA 的位置上显示出杂交信号。通过 Southern 杂交可以判断被检测的 DNA 样品中是否有与探针同源的片段以及该片段的长度。该项技术被广泛应用于遗传病检测、DNA 指纹分析和 PCR 产物判断等研究中。

3. 设备与试剂

(1) 设备　离心机、恒温水浴锅、恒温摇床、核酸电泳仪、凝胶成像系统、分子杂交仪、烘箱、电泳仪电源、水平电泳槽等。

（2）试剂

① 变性液：内含 0.5 mol/L NaOH、1.5 mol/L NaCl。

② 中和液：内含 0.5 mol/L Tris‐HCl、1.0 mol/L NaCl。

③ 漂洗液（pH 7.5）：内含 0.1 mol/L 马来酸、0.15 mol/L NaCl、0.3%（体积分数）Tween‐20。

④ 马来酸缓冲液（pH 7.5）：内含 0.1 mol/L 马来酸、0.15 mol/L NaCl。

⑤ 检测液（pH 9.5）：内含 0.1 mol/L Tris‐HCl、0.1 mol/L NaCl。

⑥ TE 缓冲液（pH 8.0）：内含 10 mmol/L Tris‐HCl、1 mmol/L EDTA。

⑦ 20×SSC（pH 7.0）：内含 3.0 mol/L NaCl、0.3 mol/L 柠檬酸钠。可根据要求进行稀释。

⑧ 封闭液：由 10×封闭液（试剂盒提供）用马来酸缓冲液稀释。

⑨ 抗体溶液：抗地高辛‐碱性磷酸酶抗体（anti‐DIG‐AP，试剂盒提供），用封闭液稀释 5 000 倍。

⑩ 显色液：加 20 μL 氯化硝基四氮唑蓝（NBT）和 20 μL 5‐溴‐4‐氯‐3‐吲哚基‐磷酸盐（BCIP）贮存溶液至 10 mL 检测液中（暗保存，现用现配）。

⑪ 其他试剂：0.25 mol/L HCl、用地高辛标记的脱氧尿苷酸（DIG‐dUTP）、dNTP 等。

4. 操作步骤

（1）DNA 变性及转膜

① 将前述电泳凝胶加样孔及不含样品的多余部分切掉，置于 0.25 mol/L HCl 中浸泡 10 min。

② 用蒸馏水稍冲洗后，浸于变性液中，室温变性 15 min，2 次，其间轻摇数次。

③ 用蒸馏水稍冲洗后，浸于中和液中，室温中和 5 min，2 次，其间轻摇数次。

④ 转膜：可采用毛细管转移或者真空转移。

毛细管转移：按凝胶的大小剪裁硝酸纤维素膜或尼龙膜，并剪去一角作为标记，蒸馏水浸湿后，浸入转移液 20×SSC 中 5 min。剪一张比膜稍宽的长条 Whatman 3 MM 滤纸作为盐桥，再按凝胶的尺寸剪 3～5 张滤纸和大量的吸水纸备用。按图 8‐1 所示进行转移。转移过程一般需要 8～24 h，每隔数小时换掉已经湿掉的吸水纸。注意在膜与胶之间不能有气泡。整个操作过程中要防止膜上沾染其他污物。

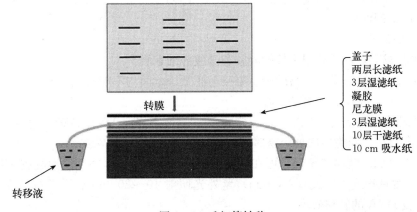

图 8‐1　毛细管转移

真空转移：洗净转膜仪，选窗口大小合适的封闭膜，剪一张略大于凝胶块的滤纸及尼龙膜，蒸馏水浸润后置于 20×SSC 中至少 5 min，剪去一角与凝胶块对应铺于底部，将封闭膜压好，然后将凝胶铺在窗口的尼龙膜上，赶除气泡；10×SSC 中性转移液真空转移 1.5 h，真空压力 16 931.9 Pa。

（2）固定 DNA 将 DNA 面朝下暴露于紫外透射仪下 3～5 min，使 DNA 固定在膜上，或者在 80 ℃ 真空箱中烤 2 h，这时的滤膜已可用于杂交，或贮存在 4 ℃ 用于后续杂交使用。硝酸纤维素膜需真空保存，尼龙膜需用塑料薄膜密封。

（3）探针的标记 探针的标记用 PCR 法进行，用地高辛标记的脱氧尿苷酸（DIG-dUTP）取代普通 PCR 中的 dNTP 即可。同时用未标记地高辛（DIG）的 dNTP 作对照反应。反应条件根据不同的模板稍有变动。反应结束后用电泳检测标记效率，标记后的探针应比没有标记的产物分子质量大，−20 ℃ 冻存备用。

（4）杂交

① 预杂交：将固定好的尼龙膜放于预杂交液（20×SSC）中（每 100 cm² 膜使用预杂交液 10 mL），在杂交炉（Fisher 分子杂交箱）中 65 ℃ 保温 2 h。注意应小心排净气泡。

② 探针的处理：将标记好的探针在 100 ℃ 煮 10 min 后，立即放冰浴冷却 10 min。

③ 杂交：弃去预杂交液，按每 100 cm² 膜使用 2.5 mL 的量加入杂交液（2×SSC），杂交液中含 DIG 标记的探针（每毫升杂交液含 2 μL DIG 探针），65 ℃ 杂交 16 h，注意应小心排净气泡。倒出杂交液，杂交液中含有未杂交的探针，放到 −20 ℃ 备用。

（5）检测（NBT/BCIP 显色）

① 用 2×SSC（含 0.1% SDS 溶液）洗膜 5 min，重复 2 次。

② 用 0.1×SSC（含 0.1% SDS 溶液）洗膜 15 min，重复 2 次。

③ 在杂交和严谨洗涤后，将膜置漂洗液中浸润 1～5 min。

④ 20～30 mL 封闭液孵育 30 min。

⑤ 取抗地高辛-碱性磷酸酶抗体（anti-DIG-AP），用封闭液稀释 5 000 倍，取 20 mL 该溶液浸泡膜，室温孵育 30 min。

⑥ 用 20～30 mL 漂洗液洗涤 2 次，每次 15 min。

⑦ 15 mL 检测液中平衡 2～5 min。

⑧ 显色：现配 20 mL 显色液（NBT/BCIP）暗处浸泡膜静置显色。

⑨ 50 mL 灭菌水或 TE 缓冲液洗膜 5 min 终止显色，拍照保存，将膜封存于装有 TE 的塑料袋中，可长期保存。

5. 注意事项

① 操作时戴手套，严禁用手接触凝胶和硝酸纤维素膜。

② 转移时，滤纸与膜、膜与凝胶、凝胶与滤纸桥之间均不能有气泡。

③ 凝胶易碎，操作时应格外小心。

④ 硝酸纤维素膜上的 DNA 固定非常重要，固定不好时 DNA 在杂交过程中会脱落下来；烤膜温度过高，膜脆性增加，易碎。

⑤ 大片段 DNA 转移效率低，可在碱变性前用 0.25 mol/L HCl 浸泡凝胶 10～15 min，使 DNA 分子脱嘌呤或用短波（260 mm）紫外光照射 10～20 min 后再进行碱变性、转移，以提高大片段 DNA 的转移效率。

附　　录

本附录的内容为最常用的生物化学实验资料，在此列出以备读者学习、工作之用。为了便于查阅，我们尽可能把这些资料用表格的形式列出。

一、常用的基本单位

1. 国际单位制的基本单位

量的名称	单位名称	单位符号
长度	米	m
质量	千克	kg
时间	秒	s
电流	安［培］	A
热力学温度	开［尔文］	K
物质的量	摩［尔］	mol
发光强度	坎［德拉］	cd

注：［］内的字可以省略，以下各表中［］的意义同上。

2. 国际单位制中具有专门名称的导出单位

量的名称	单位名称	单位符号	其他表示示例
频率	赫［兹］	Hz	s^{-1}
力	牛［顿］	N	$kg \cdot m/s^2$
压力，压强，应力	帕［斯卡］	Pa	N/m^2
能［量］，功，热量	焦［尔］	J	$N \cdot m$
功率，辐［射能］通量	瓦［特］	W	J/s
电荷［量］	库［仑］	C	$A \cdot s$
电位，电压，电动势	伏［特］	V	W/A
电容	法［拉］	F	C/A
电阻	欧［姆］	Ω	V/A
电导	西［门子］	S	A/V
磁通［量］	韦［伯］	Wb	$V \cdot s$
磁通［量］密度，磁感应强度	特［斯拉］	T	Wb/m^2
电感	亨［利］	H	Wb/A
摄氏温度	摄氏度	℃	K
光通量	流［明］	lm	$cd \cdot sr$
［光］照度	勒［克斯］	lx	lm/m^2
［放射性］活度	贝可［勒尔］	Bq	s^{-1}
吸收剂量	戈［瑞］	Gy	J/kg
剂量当量	希［沃特］	Sv	J/kg

3. 可与国际单位制单位并用的我国法定计量单位（部分）

量的名称	单位名称	单位符号
时间	分	min
	［小］时	h
	日（天）	d
［平面］角	秒	″
	分	′
	度	°
旋转速度	转每分	r/min
质量	吨	t
	原子质量单位	u（$1\ u \approx 1.660\ 540 \times 10^{-27}\ kg$）
体积	升	L（$1\ L = 1\ dm^3 = 10^{-3}\ m^3$）
能	电子伏	eV

4. 用于构成十进倍数和分数单位的 SI 词头（部分）

所表示的因数	词头名称	词头符号
10^{18}	艾［可萨］	E
10^{15}	拍［它］	P
10^{12}	太［拉］	T
10^{9}	吉［咖］	G
10^{6}	兆	M
10^{3}	千	k
10^{2}	百	h
10^{1}	十	da
10^{-1}	分	d
10^{-2}	厘	c
10^{-3}	毫	m
10^{-6}	微	μ
10^{-9}	纳［诺］	n
10^{-12}	皮［可］	p
10^{-15}	飞［母托］	f
10^{-18}	阿［托］	a

二、常用化合物的性质

1. 常用酸碱的浓度、相对密度

名称	化学式	相对分子质量	相对密度	浓度/(mol/L)	百分比含量/%
盐酸	HCl	36.5	1.194	12.4	38
硝酸	HNO_3	63.02	1.42	16.0	70～71
硫酸	H_2SO_4	98.08	1.84	18.0	96～98
亚硫酸	H_2SO_3	82.07			
磷酸	H_3PO_4	98.00	1.70	18.1	85
偏磷酸	$(HPO_3)_n$	(78.98)			
过氯酸	$HClO_3$	100.47	1.67	11.6	70
三氯乙酸	$Cl_3C_2O_2H$	116.40			
甲酸	H_2CO_2	46.02	1.2	23.4	90
冰乙酸	$C_2O_2H_4$	60.05	1.05	17.4	99.5
氢氧化铵	NH_4OH	35.0	0.884	18.7	36
丙酸	$C_3O_2H_5$	74.08			
氢氟酸	HF	20.0	1.17	32.1	55
乳酸	$C_3O_3H_6$	90.1	1.20	11.3	85

2. 常用固态化合物溶液的配制

名称	化学式	相对分子质量	浓度/(mol/L)	配制1L溶液所需质量/g
草酸	$H_2C_2O_4 \cdot 2H_2O$	126.08	0.5	63.04
柠檬酸	$H_3C_6H_5O_7 \cdot H_2O$	210.14	0.2	42.03
氢氧化钾	KOH	56.10	5.0	280.50
氢氧化钠	NaOH	40.00	1.0	40.00
碳酸钠	Na_2CO_3	106.00	0.5	53.00
磷酸氢二钠	$Na_2HPO_4 \cdot 12H_2O$	358.20	0.2	71.64
磷酸二氢钾	KH_2PO_4	136.10	0.2	27.22
重铬酸钾	$K_2Cr_2O_7$	294.20	0.02	4.903 5
碘化钾	KI	166.00	0.5	83.00
高锰酸钾	$KMnO_4$	158.00	0.02	3.16
乙酸钠	$NaC_2H_3O_2$	82.04	1.0	82.04
硫代硫酸钠	$Na_2S_2O_3 \cdot 5H_2O$	248.20	0.1	24.82
三羟甲基氨基甲烷	$C_4O_3H_9NH_2$	121.14	0.2	24.228

3. 氨基酸的一些理化常数

名称	英文缩写	相对分子质量	熔点/℃	等电点	溶解度/(g/L)	pK_a（25 ℃）		
						α-COOH	α-NH$_2$	R 基
甘氨酸	Gly	75.07	292 d	5.97	24.99	2.34	9.6	
L-丙氨酸	Ala	89.09	295 d	6.00	16.6	2.35	9.69	
L-丝氨酸	Ser	105.09	223 d	5.68	25	2.21	9.15	
L-苏氨酸	Thr	119.12	253 d	6.16	易	2.63	10.43	
L-缬氨酸	Val	117.15	315 d	5.96	8.85	2.32	9.62	
L-亮氨酸	Leu	113.17	337 d	5.98	2.19	2.36	9.60	
L-异亮氨酸	Ile	113.17	285 d	6.02	4.12	2.36	9.68	
L-半胱氨酸	Cys	121.15	178	5.07	易	1.71	8.33	10.78
L-甲硫氨酸	Met	149.21	283 d	5.74	易	2.28	9.21	
L-天冬氨酸	Asp	133.10	269	2.77	0.5	2.09	9.82	3.86
L-天冬酰胺	Asn	132.12	236 d	5.41	2.98	2.02	8.8	
L-谷氨酸	Glu	147.13	249 d	3.22	0.864	2.19	9.69	4.25
L-谷氨酰胺	Gln	146.15	184	5.65	3.6	2.17	9.13	
L-精氨酸	Arg	174.2	244 d	10.76	15.0	2.17	9.04	12.48
L-赖氨酸	Lys	146.19	224 d	9.74	易	2.18	8.95	10.53
L-苯丙氨酸	Phe	165.19	283 d	5.48	2.96	1.83	9.13	
L-酪氨酸	Tyr	181.19	342 d	5.66	0.045	2.20	9.11	10.07
L-组氨酸	His	155.16	277 d	7.59	4.16	1.82	9.17	6.0
L-色氨酸	Trp	204.22	281	5.89	1.14	2.38	9.39	
L-脯氨酸	Pro	115.13	220 d	6.30	162.3	1.99	10.6	
L-羟脯氨酸	Pro-OH	131.13	270 d	5.83	36.11	1.92	9.73	
L-瓜氨酸	Cit	175.19	234 d		易			
L-鸟氨酸	Orn	132.16			易			
L-胱氨酸	Cys-Cys	240.29	258 d	5.05	0.011			

注：d 表示达到熔点后氨基酸即分解。

三、常用缓冲液的配制

1. 广范围缓冲液

每升混合液内含柠檬酸 6.008 g、磷酸二氢钾 3.893 g、硼酸 1.769 g、巴比妥 5.266 g，每 100 mL 滴加 X mL 0.2 mol/L NaOH 溶液至所需 pH（18 ℃）。

pH (18 ℃)	X/mL	pH (18 ℃)	X/mL
2.6	2.0	7.4	55.8
2.8	4.3	7.6	58.6
3.0	6.4	7.8	61.7
3.2	8.3	8.0	63.7
3.4	10.1	8.2	65.6
3.6	11.8	8.4	67.5
3.8	13.7	8.6	69.3
4.0	15.5	8.8	71.0
4.2	17.6	9.0	72.7
4.4	19.9	9.2	74.0
4.6	22.4	9.4	75.9
4.8	24.8	9.6	77.6
5.0	27.1	9.8	79.3
5.2	29.5	10.0	80.8
5.4	31.8	10.2	82.0
5.6	34.2	10.4	82.9
5.8	36.5	10.6	83.9
6.0	38.9	10.8	84.9
6.2	41.2	11.0	86.0
6.4	43.5	11.2	87.7
6.6	46.0	11.4	89.7
6.8	48.3	11.6	92.0
7.0	50.6	11.8	95.0
7.2	52.9	12.0	99.6

2. 甘氨酸-盐酸缓冲液 （0.05 mol/L）

X mL 0.2 mol/L 甘氨酸＋Y mL 0.2 mol/L HCl，再加蒸馏水稀释至 100 mL。

pH	X/mL	Y/mL	pH	X/mL	Y/mL
2.2	50	44.0	3.0	50	11.4
2.4	50	32.4	3.2	50	8.2
2.6	50	24.2	3.4	50	6.4
2.8	50	16.8	3.6	50	5.0

3. 邻苯二甲酸氢钾-盐酸缓冲液 （0.05 mol/L）

X mL 0.2 mol/L 邻苯二甲酸氢钾＋Y mL 0.2 mol/L HCl，再加蒸馏水稀释至 20 mL。

pH (20 ℃)	X/mL	Y/mL	pH (20 ℃)	X/mL	Y/mL
2.2	5	4.670	3.2	5	1.470
2.4	5	3.960	3.4	5	0.990
2.6	5	3.295	3.6	5	0.597
2.8	5	2.642	3.8	5	0.263
3.0	5	2.032			

4. 柠檬酸-氢氧化钠-盐酸缓冲液

pH	Na$^+$/(mol/L)	柠檬酸/g	NaOH/g	HCl（浓）/mL	最终体积/L
2.2	0.20	210	84	160	10
3.1	0.20	210	83	116	10
3.3	0.20	210	83	106	10
4.3	0.20	210	83	45	10
5.3	0.35	245	144	68	10
5.8	0.45	285	186	105	10
6.5	0.38	266	156	126	10

使用时可每升中加入 1 g 酚，若最后 pH 有变化，再用少量 50% NaOH 溶液或浓盐酸调节，冰箱保存。

5. 磷酸氢二钠-柠檬酸缓冲液

pH	0.2 mol/L Na$_2$HPO$_4$/mL	0.1 mol/L 柠檬酸/mL	pH	0.2 mol/L Na$_2$HPO$_4$/mL	0.1 mol/L 柠檬酸/mL
2.2	0.40	19.60	5.2	10.72	9.28
2.4	1.24	18.76	5.4	11.15	8.85
2.6	2.18	17.82	5.6	11.60	8.40
2.8	3.17	16.83	5.8	12.09	7.91
3.0	4.11	15.89	6.0	12.63	7.37
3.2	4.94	15.06	6.2	13.22	6.78
3.4	5.70	14.30	6.4	13.85	6.15
3.6	6.44	13.56	6.6	14.55	5.45
3.8	7.10	12.90	6.8	15.45	4.55
4.0	7.71	12.29	7.0	16.47	3.53
4.2	8.28	11.72	7.2	17.39	2.61
4.4	8.82	11.18	7.4	18.17	1.83
4.6	9.35	10.65	7.6	18.73	1.27
4.8	9.86	10.14	7.8	19.15	0.85
5.0	10.30	9.70	8.0	19.45	0.55

Na$_2$HPO$_4$ 相对分子质量＝141.98，0.2 mol/L 溶液为 28.40 g/L。

Na$_2$HPO$_4$·2H$_2$O 相对分子质量＝178.05，0.2 mol/L 溶液为 35.61 g/L。

C$_6$H$_8$O$_7$·H$_2$O 相对分子质量＝210.14，0.1 mol/L 溶液为 21.01 g/L。

6. 柠檬酸-柠檬酸钠缓冲液

pH	0.1 mol/L 柠檬酸/mL	0.1 mol/L 柠檬酸钠/mL	pH	0.1 mol/L 柠檬酸/mL	0.1 mol/L 柠檬酸钠/mL
3.0	18.6	1.4	5.0	8.2	11.8
3.2	17.2	2.8	5.2	7.3	12.7
3.4	16.0	4.0	5.4	6.4	13.6
3.6	14.9	5.1	5.6	5.5	14.5
3.8	14.0	6.0	5.8	4.7	15.3
4.0	13.1	6.9	6.0	3.8	16.2
4.2	12.3	7.7	6.2	2.8	17.2
4.4	11.4	8.6	6.4	2.0	18.0
4.6	10.3	9.7	6.6	1.4	18.6
4.8	9.2	10.8			

柠檬酸 $C_6H_8O_7 \cdot H_2O$，相对分子质量 $=210.14$，0.1 mol/L 溶液为 21.01 g/L。

柠檬酸钠 $Na_3C_5H_5O_7 \cdot 2H_2O$，相对分子质量 $=294.12$，0.1 mol/L 溶液为 29.41 g/L。

7. 醋酸-醋酸钠缓冲液 （0.2 mol/L）

pH (18 ℃)	0.2 mol/L NaAc/mL	0.2 mol/L HAc/mL	pH (18 ℃)	0.2 mol/L NaAc/mL	0.2 mol/L HAc/mL
3.6	0.75	9.25	4.8	5.90	4.10
3.8	1.20	8.80	5.0	7.00	3.00
4.0	1.80	8.20	5.2	7.90	2.10
4.2	2.65	7.35	5.4	8.60	1.40
4.4	3.70	6.30	5.6	9.10	0.90
4.6	4.90	5.10	5.8	9.40	0.60

$NaAc \cdot 3H_2O$ 相对分子质量 $=136.08$，0.2 mol/L 溶液为 27.22 g/L。

8. 磷酸氢二钾-氢氧化钠缓冲液 （0.05 mol/L）

X mL 0.2 mol/L KH_2PO_4 ＋Y mL 0.2 mol/L NaOH，再加蒸馏水稀释至 20 mL。

pH (20 ℃)	X/mL	Y/mL	pH (20 ℃)	X/mL	Y/mL
5.8	5	0.372	7.0	5	2.963
6.0	5	0.570	7.2	5	3.500
6.2	5	0.860	7.4	5	3.950
6.4	5	1.260	7.6	5	4.280
6.6	5	1.780	7.8	5	4.520
6.8	5	2.365	8.0	5	4.680

9. 磷酸盐缓冲液

（1）磷酸氢二钠-磷酸二氢钠缓冲液（0.2 mol/L）

pH	0.2 mol/L Na₂HPO₄/mL	0.2 mol/L NaH₂PO₄/mL	pH	0.2 mol/L Na₂HPO₄/mL	0.2 mol/L NaH₂PO₄/mL
5.8	8.0	92.0	7.0	61.0	39.0
5.9	10.0	90.0	7.1	67.0	33.0
6.0	12.3	87.7	7.2	72.0	28.0
6.1	15.0	85.0	7.3	77.0	23.0
6.2	18.5	81.5	7.4	81.0	19.0
6.3	22.5	77.5	7.5	84.0	16.0
6.4	26.5	73.5	7.6	87.0	13.0
6.5	31.5	68.5	7.7	89.5	10.5
6.6	37.5	62.5	7.8	91.5	8.5
6.7	43.5	56.5	7.9	93.0	7.0
6.8	49.0	51.0	8.0	94.7	5.3
6.9	55.0	45.0			

$Na_2HPO_4 \cdot 2H_2O$ 相对分子质量=178.05，0.2 mol/L 溶液为 35.61 g/L。
$Na_2HPO_4 \cdot 12H_2O$ 相对分子质量=358.22，0.2 mol/L 溶液为 71.64 g/L。
$NaH_2PO_4 \cdot H_2O$ 相对分子质量=138.01，0.2 mol/L 溶液为 27.60 g/L。
$NaH_2PO_4 \cdot 2H_2O$ 相对分子质量=156.03，0.2 mol/L 溶液为 31.21 g/L。

（2）磷酸氢二钠-磷酸二氢钾缓冲液（1/15 mol/L）

pH	1/15 mol/L Na₂HPO₄/mL	1/15 mol/L KH₂PO₄/mL	pH	1/15 mol/L Na₂HPO₄/mL	1/15 mol/L KH₂PO₄/mL
4.92	0.10	9.90	7.17	7.00	3.00
5.29	0.50	9.50	7.38	8.00	2.00
5.91	1.00	9.00	7.73	9.00	1.00
6.24	2.00	8.00	8.04	9.50	0.50
6.47	3.00	7.00	8.34	9.75	0.25
6.64	4.00	6.00	8.67	9.90	0.10
6.81	5.00	5.00	8.78	10.00	0
6.98	6.00	4.00			

$Na_2HPO_4 \cdot 2H_2O$ 相对分子质量=178.05，1/15 mol/L 溶液为 11.876 g/L。
KH_2PO_4 相对分子质量=136.09，1/15 mol/L 溶液为 9.07 g/L。

10. 巴比妥钠-盐酸缓冲液（18 ℃）

pH	0.04 mol/L 巴比妥钠/mL	0.2 mol/L HCl/mL	pH	0.04 mol/L 巴比妥钠/mL	0.2 mol/L HCl/mL
6.8	100	18.4	8.4	100	5.21
7.0	100	17.8	8.6	100	3.82
7.2	100	16.7	8.8	100	2.52
7.4	100	15.3	9.0	100	1.65
7.6	100	13.4	9.2	100	1.13
7.8	100	11.47	9.4	100	0.70
8.0	100	9.39	9.6	100	0.35
8.2	100	7.21			

巴比妥钠相对分子质量=206.18，0.04 mol/L 溶液为 8.25 g/L。

11. Tris‑HCl 缓冲液（25 ℃）

50 mL 0.1 mol/L 三羟甲基氨基甲烷（Tris）溶液与 X mL 0.1 mol/L HCl 混匀后，加蒸馏水稀释至 100 mL。

pH	X/mL	pH	X/mL
7.10	45.7	8.10	26.2
7.20	44.7	8.20	22.9
7.30	43.4	8.30	19.9
7.40	42.0	8.40	17.2
7.50	40.3	8.50	14.7
7.60	38.5	8.60	12.4
7.70	36.6	8.70	10.3
7.80	34.5	8.80	8.5
7.90	32.0	8.90	7.0
8.00	29.2		

Tris 相对分子质量＝121.14，0.1 mol/L 溶液为 12.114 g/L。Tris 溶液可以从空气中吸收 CO_2，使用时注意将瓶子盖严。

12. 硼砂‑硼酸缓冲液

pH	0.05 mol/L 硼砂/mL	0.2 mol/L 硼酸/mL	pH	0.05 mol/L 硼砂/mL	0.2 mol/L 硼酸/mL
7.4	1.0	9.0	8.2	3.5	6.5
7.6	1.5	8.5	8.4	4.5	5.5
7.8	2.0	8.0	8.6	6.0	4.0
8.0	3.0	7.0	8.8	8.0	2.0

硼砂 $Na_2B_4O_7 \cdot 10H_2O$，相对分子质量＝381.43，0.05 mol/L 溶液为 19.07 g/L。硼砂易失去结晶水，须在带瓶塞中保存。

硼酸 H_3BO_3，相对分子质量＝61.48，0.2 mol/L 溶液为 12.37 g/L。

13. 甘氨酸‑氢氧化钠缓冲液（0.05 mol/L）

X mL 0.2 mol/L 甘氨酸＋Y mL 0.2 mol/L NaOH，再加蒸馏水稀释至 200 mL。

pH	X/mL	Y/mL	pH	X/mL	Y/mL
8.6	50	4.0	9.6	50	22.4
8.8	50	6.0	9.8	50	27.2
9.0	50	8.8	10.0	50	32.0
9.2	50	12.0	10.4	50	38.6
9.4	50	16.8	10.6	50	45.5

甘氨酸相对分子质量＝75.07，0.2 mol/L 溶液为 15.01 g/L。

14. 硼砂‑氢氧化钠缓冲液（0.05 mol/L 硼酸根）

X mL 0.05 mol/L 硼砂＋Y mL 0.2 mol/L 氢氧化钠，加蒸馏水稀释至 200 mL。

pH	X/mL	Y/mL	pH	X/mL	Y/mL
9.3	50	6.0	9.8	50	34.0
9.4	50	11.0	10.0	50	43.0
9.6	50	23.0	10.1	50	46.0

硼砂 $Na_2B_4O_7 \cdot 10H_2O$，相对分子质量＝381.43，0.05 mol/L 溶液为 19.07 g/L。

15. 碳酸钠-碳酸氢钠缓冲液（0.1 mol/L）

Ca^{2+}、Mg^{2+} 存在时不得使用。

pH		0.1 mol/L	0.1 mol/L
20 ℃	37 ℃	Na_2CO_3/mL	$NaHCO_3$/mL
9.16	8.77	1	9
9.40	9.12	2	8
9.51	9.40	3	7
9.78	9.50	4	6
9.90	9.72	5	5
10.14	9.90	6	4
10.28	10.08	7	3
10.53	10.28	8	2
10.83	10.57	9	1

16. 标准缓冲液的配制

在校正 pH 计时，经常要使用标准缓冲液，常用的该溶液有酸性、中性和碱性 3 种，其配制方法如下表：

项　　目	盐　类			
	酒石酸盐	邻二甲苯酸盐	磷酸盐	硼酸盐
分子式	$KHC_4H_4O_6$	$KHC_8H_4O_4$	KH_2PO_4　Na_2HPO_4	$Na_2B_4O_7 \cdot 10H_2O$
浓度（25 ℃）/(g/L)	饱和	10.12	3.39　　3.53	3.80
pH（25 ℃）	3.557	4.008	6.865	9.180
稀释值（$\Delta pH_{1/2}$）	+0.049	+0.052	+0.080	+0.010
缓冲容量（β）	0.027	0.016	0.029	0.020
温度系数（Δ_t）/℃	−0.0014	+0.0012	−0.0028	−0.0082

17. 常用缓冲液

（1）常用缓冲液缩写和组分

① TE：

A. pH 7.4：内含 10 mmol/L Tris - HCl（pH 7.4）、0.1 mmol/L EDTA（pH 8.0）。

B. pH 7.6：内含 10 mmol/L Tris - HCl（pH 7.6）、0.1 mmol/L EDTA（pH 8.0）。

C. pH 8.0：内含 10 mmol/L Tris - HCl（pH 8.0）、0.1 mmol/L EDTA（pH 8.0）。

② STE（亦称 TEN）：内含 0.1 mol/L 氯化钠、10 mmol/L Tris - HCl（pH 8.0）、1 mmol/L EDTA（pH 8.0）。

③ STET：内含 0.1 mol/L 氯化钠、10 mmol/L Tris - HCl（pH 8.0）、1 mmol/L ED-TA（pH 8.0）、5％TritonX - 100。

④ TNT：内含 10 mmol/L Tris - HCl（pH 8.0）、150 mmol/L 氯化钠、0.05％ Tween - 20。

（2）常用的电泳缓冲液

缓冲液	使用液	浓贮存液（1 000 mL）
Tris -乙酸（TAE）	1×：0.04 mol/L Tris -乙酸、0.001 mol/L EDTA	50×：242 g Tris 碱、57.1 mL 冰乙酸、100 mL 0.5 mol/L EDTA（pH 8.0）
Tris -磷酸（TPE）	1×：0.09 mol/L Tris -磷酸、0.002 mol/L EDTA	10×：108 g Tris 碱、15.5 mL 85％磷酸（1.679 g/mL）、40 mL 0.5 mol/L EDTA（pH 8.0）
Tris -硼酸（TBE）*	0.5×：0.045 mol/L Tris -硼酸、0.001 mol/L EDTA	5×：54 g Tris 碱、27.5 g 硼酸、20 mL 0.5 mol/L EDTA（pH 8.0）
碱性缓冲液**	1×：50 mmol/L 氢氧化钠、1 mmol/L EDTA	1×：5 mL 10 mol/L 氢氧化钠、2 mL 0.5 mol/L EDTA（pH 8.0）
Tris -甘氨酸***	1×：25 mmol/L Tris、250 mmol/L 甘氨酸、0.1％SDS	5×：15.1 g Tris 碱、94 g 甘氨酸（电泳级）（pH 8.3）、50 mL 10％ SDS（电泳级）

* TBE 浓溶液长时间存放后会形成沉淀物，为避免这一问题，可在室温下用玻璃瓶保存 5×溶液，出现沉淀后则予以废弃。

以往都以 1×TBE 作为使用液（即 1∶5 稀释浓贮存液）进行琼脂糖凝胶电泳，但 0.5×的使用液已具备足够的缓冲容量。目前几乎所有的琼脂糖凝胶电泳都以 1∶10 稀释的贮存液作为使用液。

进行聚丙烯酰胺凝胶电泳的 1×TBE，是琼脂糖凝胶电泳时使用浓度的 2 倍。聚丙烯酰胺凝胶垂直槽的缓冲液槽较小，故通过缓冲液的电流量较大，需要使用 1×TBE 以提供足够的缓冲容量。

** 碱性电泳缓冲液应现用现配。

*** Tris -甘氨酸缓冲液用于 SDS -聚丙烯酰胺凝胶电泳。

（3）常用的凝胶加样缓冲液

缓冲液类型	6×缓冲液	贮存温度
（1）	0.25 g/100 mL 溴酚蓝 0.25 g/100 mL 二甲苯青 FF 40 g/100 mL 蔗糖水溶液	4 ℃
（2）	0.25 g/100 mL 溴酚蓝 0.25 g/100 mL 二甲苯青 FF 15 g/100 mL 聚蔗糖（Ficoll）（400 型）水溶液	室温
（3）	0.25 g/100 mL 溴酚蓝 0.25 g/100 mL 二甲苯青 FF 30 g/100 mL 甘油水溶液	4 ℃
（4）	0.25 g/100 mL 溴酚蓝 40 g/100 mL 蔗糖水溶液	4 ℃

（续）

缓冲液类型	6×缓冲液	贮存温度
（5）	碱性加样缓冲液 300 mmol/L 氢氧化钠 6 mmol/L EDTA 18%聚蔗糖（Ficoll）（400 型；Pharmacia）水溶液 0.15 g/100 mL 溴甲酚绿 0.25 g/100 mL 二甲苯青 FF	4 ℃

使用以上凝胶加样缓冲液的目的有 3 个：①增大样品浓度，以确保 DNA 均匀进入样品孔内；②使样品呈现颜色，从而使加样操作更为便利；③含有在电场中以预知速度向阳极泳动的染料。溴酚蓝在琼脂糖凝胶中移动的速度约为二甲苯青 FF 的 2.2 倍，而与琼脂糖浓度无关。以 0.5×TBE 作电泳缓冲液时，溴酚蓝在琼脂糖中的泳动速度约与长 300 bp 的双链线状 DNA 相同，而二甲苯青 FF 的泳动速度则与长 4 kb 的双链线状 DNA 相同。在琼脂糖浓度为 0.5%～1.4%的范围内，这些对应关系受凝胶浓度变化的影响并不显著。

对于碱性凝胶应当使用溴甲酚绿作为示踪染料，因为在碱性 pH 条件下其显色较溴酚蓝更为鲜明。

参 考 文 献

付爱玲，2015. 生物化学与分子生物学实验教程［M］. 北京：科学出版社.

黄卓烈，2010. 生物化学实验技术［M］. 北京：中国农业出版社.

李海霞，2018. 溶解氧测定仪的校正及使用中问题的探讨［J］. 学术研讨（9）：239－240.

厉朝龙，2000. 生物化学与分子生物学实验技术［M］. 杭州：浙江大学出版社.

骆亚萍，2006. 生物化学与分子生物学实验指导［M］. 长沙：中南大学出版社.

王冬梅，吕淑霞，王金胜，2009. 生物化学实验指导［M］. 北京：科学出版社.

王金胜，2001. 农业生物化学研究技术［M］. 北京：中国农业出版社.

王林嵩，张丽霞，2013. 生物化学实验［M］. 2 版. 北京：科学出版社.

武金霞，2005. 生物化学实验原理与技术［M］. 保定：河北大学出版社.

武金霞，2012. 生物化学实验教程［M］. 北京：科学出版社.

杨建雄，2014. 生物化学与分子生物学实验技术教程［M］. 3 版. 北京：科学出版社.

余冰宾，2010. 生物化学实验指导［M］. 2 版. 北京：清华大学出版社.

张彩莹，肖连冬，2009. 生物化学实验［M］. 北京：化学工业出版社.

赵亚华，2005. 生物化学与分子生物学实验技术教程［M］. 北京：高等教育出版社.

赵永芳，2015. 生物化学技术原理及应用［M］. 5 版. 北京：科学出版社.

图书在版编目（CIP）数据

生物化学研究技术 / 马艳琴，杨致芬主编 . —北京：
中国农业出版社，2019.8（2024.6重印）
全国高等农林院校"十三五"规划教材
ISBN 978-7-109-25725-2

Ⅰ．①生… Ⅱ．①马… ②杨… Ⅲ．①生物化学-高
等学校-教材 Ⅳ．①Q5

中国版本图书馆 CIP 数据核字（2019）第 153515 号

中国农业出版社出版

地址：北京市朝阳区麦子店街 18 号楼
邮编：100125
责任编辑：宋美仙　　文字编辑：徐志平
版式设计：杜　然　　责任校对：刘丽香
印刷：三河市国英印务有限公司
版次：2019 年 8 月第 1 版
印次：2024 年 6 月河北第 5 次印刷
发行：新华书店北京发行所
开本：787mm×1092mm　1/16
印张：10.75
字数：252 千字
定价：27.50 元